Robert Sturm

Geschichte der Hydroelektrizität im Raum Salzburg

Eine historische und industriearchäologische Studie alter Wasserkraftwerke

disserta
Verlag

**Sturm, Robert: Geschichte der Hydroelektrizität im Raum Salzburg.
Eine historische und industriearchäologische Studie alter Wasserkraftwerke,
Hamburg, disserta Verlag, 2018**

Buch-ISBN: 978-3-95935-434-9
PDF-eBook-ISBN: 978-3-95935-435-6
Druck/Herstellung: disserta Verlag, Hamburg, 2018
Covermotiv: © Robert Sturm

Bibliografische Information der Deutschen Nationalbibliothek:
Die Deutsche Nationalbibliothek verzeichnet diese Publikation in der Deutschen
Nationalbibliografie; detaillierte bibliografische Daten sind im Internet über
http://dnb.d-nb.de abrufbar.

© disserta Verlag, Imprint der Diplomica Verlag GmbH
Hermannstal 119k, 22119 Hamburg
http://www.disserta-verlag.de, Hamburg 2018
Printed in Germany

Vorwort

Regenerative Energieträger wie Wasserkraft, Wind oder Sonnenlicht stellen mittlerweile unverzichtbare Quellen für die Produktion von elektrischem Strom dar, welche die fossilen Energieträger allmählich vom Markt verdrängen sollen. Moderne Energiekonzepte zielen auf eine Vorherrschaft erneuerbarer Energien bis zur Jahrhundertmitte ab, wobei die weitere Entwicklung der Atomkraft trotz etlicher Rückschläge noch nicht sicher prognostiziert werden kann.

In Österreich und speziell im Bundesland Salzburg spielt die Hydroenergie aufgrund vorteilhafter topografischer und klimatischer Rahmenbedingungen eine ganz besondere Rolle. Dieser Tatsache war man sich bereits an der Wende vom 19. zum 20. Jahrhundert bewusst, als durch das Wirtschaftswachstum eine erhöhte Nachfrage nach Elektrizität aufkam.

In Salzburg entstand sowohl im Alpenvorland als auch in den alpinen Bezirken eine teils dichte Struktur an Kleinkraftwerken, welche zur Deckung des lokalen Strombedarfs dienten. In der Zwischen- und Nachkriegszeit wurde mit dem sprunghaft angestiegenen Verbrauch von elektrischem Strom der Bau von mittelgroßen Wasserkraftanlagen notwendig, die noch heute als essenziell für die Energiewirtschaft des Bundeslandes gelten.

Die vorliegende Monografie gliedert sich in zwei Abschnitte. Der erste Teil setzt sich mit grundlegenden Fragen der Hydroenergie, deren historischer Entwicklung und deren physikalischen Gesetzmäßigkeiten auseinander. Der zweite Teil nimmt hingegen Bezug auf die wichtigsten historischen Ereignisse im Zusammenhang mit der Elektrifizierung des Bundeslandes Salzburg. Zudem werden 15 kleine beziehungsweise mittelgroße Wasserkraftanlagen mit historischer Bedeutung einer näheren Betrachtung unterzogen, welche neben geschichtlichen Daten auch architektonische und technische Informationen beinhaltet.

Das Buch ist als Abhandlung im Rahmen der Technikgeschichte und Industriearchäologie Salzburgs zu verstehen und möchte sich vor allem an eine Leserschaft mit gehobenem Interesse an der Elektrizitätsproduktion und damit verbundenen alten Baustrukturen wenden.

Robert Sturm, Herbst 2017

Inhalt

	Seite
ALLGEMEINER TEIL	**9**
Kapitel 1 – Einleitung	**11**
1.1 Allgemeine Begriffsdefinitionen	12
1.1.1 Wasserkraft oder Hydroenergie	12
1.1.2 Wasserkraftmaschinen	13
1.1.3 Vor- und Nachteile der Hydroenergie	15
1.2 Typen von hydroelektrischen Anlagen	16
1.2.1 Laufwasserkraftwerke	17
1.2.2 Speicherkraftwerke	19
1.2.3 Pumpspeicherkraftwerke	21
1.3 Nutzung der Wasserkraft	23
1.3.1 Globale Nutzung von Hydroenergie	23
1.3.2 Rolle der Wasserkraft in Europa	25
1.3.3 Bedeutung der Hydroenergie in Österreich	27
Kapitel 2 – Eine kurze Geschichte der Wasserkraft	**29**
2.1 Vorindustrieller Entwicklungsverlauf	30
2.1.1 Bedeutung der Wasserkraft in vorchristlicher Zeit	30
2.1.2 Die Wasserkraft in der Spätantike	32
2.1.3 Die Wasserkraft im Mittelalter	33
2.2 Wasserkraft im Industriezeitalter	38
2.2.1 18. bis 20. Jahrhundert	38
2.2.2 Die Rolle der Wasserkraft in der Gegenwart	48
Kapitel 3 – Physikalische Grundlagen der Elektrizitätserzeugung	**53**
3.1 Magnetismus und Elektrizität	54
3.1.1 Der Feldbegriff	54
3.1.2 Das Oersted-Experiment	57
3.1.3 Lorentz-Kraft und Lenz'sche Regel	60
3.1.4 Der elektrische Generator	64
3.2 Ausgewählte elektrotechnische Parameter in der Wasserkraft	69
3.2.1 Der Begriff der Leistung	69
3.2.2 Spezielle Leistungs- und Energiebegriffe in Verbindung mit hydroelektrischen Anlagen	70
SPEZIELLER TEIL	**73**
Kapitel 4 – Elektrifizierung Salzburgs – Ein historischer Abriss	**75**

4.1 Die Anfänge der Salzburger Elektrizitätswirtschaft 76
 4.1.1 Die Salzachmetropole als Strompionier 76
 4.1.2 Elektrifizierung des Mönchsberg-Aufzugs und
  anderer Institutionen 77
4.2 Die Entwicklung der Elektrizitätswirtschaft in der ersten
 Hälfte des 20. Jahrhunderts 80
 4.2.1 Der Zeitraum vor dem Ersten Weltkrieg 80
 4.2.2 Erster Weltkrieg und Zwischenkriegszeit 82
 4.2.3 Zweiter Weltkrieg 84
4.3 Die Salzburger Elektrizitätswirtschaft in der Nachkriegszeit 86
 4.3.1 Die Stromversorgung in den Nachkriegsjahren 86
 4.3.2 Entwicklung der Elektrizitätswirtschaft von den
  1960er Jahren bis zur Jahrtausendwende 90
 4.3.3 Neueste Entwicklungen in der Salzburger Elektrizitätswirtschaft 94

Kapitel 5 – Alte Hydroelektrizitätsanlagen im Raum Salzburg 95
5.1 Einige Vorbemerkungen 96
5.2 Das Flusskraftwerk Bärenwerk im Pinzgau 98
 5.2.1 Historischer Überblick 98
 5.2.2 Bau und Beschreibung des Fuscher Bärenwerks 98
 5.2.3 Architektur, Leistung und Modernisierung des
  Bärenwerks 101
5.3 Das Flusskraftwerk Kitzloch in Taxenbach 103
 5.3.1 Geschichte des Kraftwerks 103
 5.3.2 Architektur und technische Daten des Kraftwerks 105
5.4 Das Kraftwerk am Wasserfall in Bad Gastein 106
 5.4.1 Einige Bemerkungen zur Geschichte des Kraftwerks 106
 5.4.2 Architektur und gegenwärtige Nutzung des
  Kraftwerks am Wasserfall 109
5.5 Das alte Kraftwerk auf dem Nassfeld 110
 5.5.1 Einige historische Daten zum Kraftwerk 110
 5.5.2 Architektur und Betrieb des ehemaligen Kraftwerks
  auf dem Nassfeld 112
5.6 Das Kraftwerk Murfall im Lungau 113
 5.6.1 Einige historische Bemerkungen 113
 5.6.2 Architektur und Betrieb des Kraftwerks 114
5.7 Die Kraftwerke Großarl und Plankenau an der

Großarler Ache   115
    5.7.1 Einige allgemeine Bemerkungen   115
    5.7.2 Architektur und technische Daten der Kraftwerke   115
5.8 Das Flusskraftwerk Bachwinkl in Saalfelden   116
    5.8.1 Einige Bemerkungen zur Geschichte der Anlage   116
    5.8.2 Architektur und technische Daten des Kraftwerks   117
5.9 Das Kraftwerk Arthurwerk in Mühlbach   118
    5.9.1 Einige allgemeine Bemerkungen   118
    5.9.2 Architektur und Betrieb des Kraftwerks Arthurwerk   118
5.10 Das Kraftwerk Hammer in Oberalm   120
    5.10.1 Einige Anmerkungen zur Geschichte des Kraftwerks   120
    5.10.2 Architektur und technische Ausstattung
       des Kraftwerks   120
5.11 Das Laufkraftwerk im Wiestal im Salzburger Tennengau   122
    5.11.1 Historische Aspekte   122
    5.11.2 Architektur des historischen Kraftwerks
       Wiestal (abgetragen)   123
    5.11.3 Betriebsdaten des modernen Kraftwerks Wiestal   123
5.12 Das Strubklamm-Kraftwerk in Wimberg/Adnet   124
    5.12.1 Einige historische Bemerkungen   124
    5.12.2 Architektur des historischen Kraftwerkskomplexes   125
    5.12.3 Technische Daten des neuen Speicherkraftwerks
       Strubklamm   126
5.13 Das Kraftwerk Jank in Grödig   130
    5.13.1 Historische Aspekte   130
    5.13.2 Architektur und Betrieb des Kraftwerks   130
5.14 Das Kraftwerk Eichetmühle in Grödig   132
    5.14.1 Historische Daten zum Kraftwerk Eichetmühle   132
    5.14.2 Architektur und gegenwärtiger Betrieb des
       Kraftwerks   132
5.15 Das Kraftwerk Pulvermühle in Leopoldskron   136
    5.15.1 Historische Daten zum Kraftwerk   136
    5.15.2 Architektur und Betrieb des Kraftwerks Pulvermühle   136

Schlussbetrachtungen   **139**
Anmerkungen   **145**
Literaturverzeichnis   **150**
Bildnachweis   **154**

ALLGEMEINER TEIL

Aber die Faulheit, welche im Grunde der Seele des Tätigen liegt, verhindert den Menschen, das Wasser aus seinem eignen Brunnen zu schöpfen. (Friedrich Nietzsche)

Kapitel 1

Einleitung

1.1 Allgemeine Begriffsdefinitionen

1.1.1 Wasserkraft oder Hydroenergie

Unter Wasserkraft oder Hydroenergie versteht man eine regenerative Energiequelle, welche die potenzielle und kinetische Energie des Wassers nutzt. Diese beiden Energieformen werden mithilfe einer Wasserkraftmaschine in mechanische Arbeit umgewandelt, die ihrerseits durch Verwendung eines Generators in elektrischen Strom umgesetzt werden kann. Bis zum 19. Jahrhundert machte man sich die Hydroenergie unter Zuhilfenahme von Wassermühlen zunutze, die einen mechanischen Antrieb von Mahl-, Hammer-, Säge-, Walzwerken und dergleichen darstellten. Erst ab dem Ende des vorletzten Säkulums wurde die Wasserkraft zur Stromerzeugung herangezogen, wobei die Vereinigten Staaten von Amerika für die Inbetriebnahme der ersten hydroelektrischen Anlage im Jahre 1879 verantwortlich zeichneten (siehe Kapitel 2).[1]

Bei allgemeiner Betrachtung der Hydroenergie ist zwischen einem energetischen und einem hydrologischen Zugang zu differenzieren. Der energetische Zugang beschreibt die verschiedenen in der Wasserkraftnutzung beinhalteten Energieformen. Grundsätzlich verfügt Wasser, welches über dem Meeresspiegel gelagert wird, über potenzielle Energie (Energie der Höhe). Unter Einwirkung der Schwerkraft erfahren diese Wassermassen eine Beschleunigung, bei der der größte Teil der potenziellen Energie in kinetische Energie (Energie der Bewegung) transformiert wird. Diese Bewegungsenergie wiederum wird in Wasserkraftanlagen unter Verwendung von Turbinen in mechanische Energie (Rotationsenergie) umgewandelt. In einem letzten Schritt sorgen Generatoren für eine Transformation der mechanischen in elektrische Energie. Bei Pumpspeicherkraftwerken wird ein Teil der erzeugten Elektrizität dazu genutzt, Wasser in einen höher gelegenen Stausee zu transferieren und mit entsprechender kinetischer Energie zu versehen. Dadurch entsteht letztendlich ein energetischer Kreislauf (Abb. 1).[2]

Der hydrologische Ansatz geht davon aus, dass für die Nutzung von Wasserkraft der sogenannte Wasserkreislauf von entscheidender Bedeutung ist. Dieser beschreibt im Allgemeinen die Bewegung des Wassers im regionalen und globalen Maßstab. Die Strahlungsenergie der Sonne bewirkt die Verdunstung von Wasser aus Meer, Seen und Flüssen und dessen Aufstieg in die Atmosphäre in Form von Wasserdampf. Aufgrund der dort herrschenden niedrigeren Temperaturen unterliegt der Wasserdampf einer Kondensation, woraufhin dieser als Regen oder Schneefall wieder auf die Erdoberfläche gelangt. Entscheidend ist dabei, dass das Wasser zum Teil in höher gelegenen Regionen gesammelt wird, von wo es unter Einflussnahme der Schwerkraft wieder in die niedriger positionierten Sammelbereiche gelangt (Abb. 2).[3]

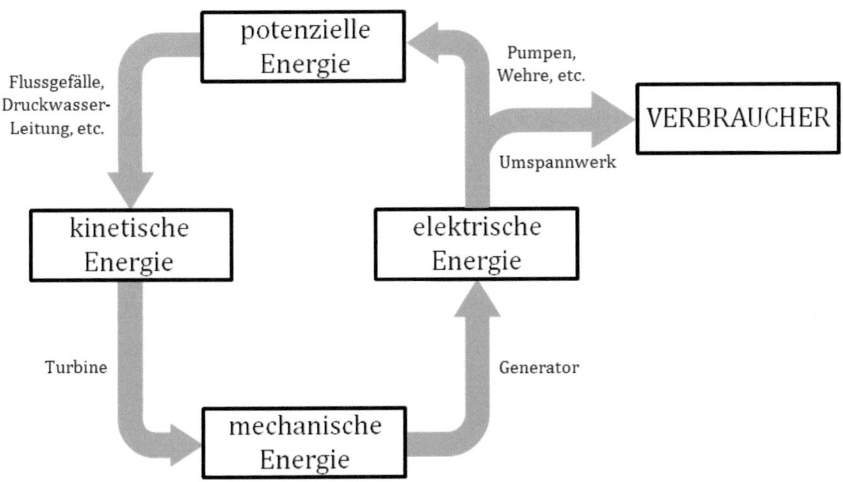

Abb. 1: *Energetischer Kreislauf als Grundlage für die Energieerzeugung aus Wasserkraft.*

1.1.2 Wasserkraftmaschinen

Wie bereits an anderer Stelle festgehalten werden konnte, dienen Wasserkraftmaschinen der Umwandlung von in den Wassermassen gespeicherter kinetischer Energie in Rotationsenergie. Für diese Zwecke eignet sich eine sogenannte Turbine am besten, bei der es sich einfach ausgedrückt um ein speziell konstruiertes Schaufelrad handelt. Die durch das strömende Wasser vermittelte, schnelle Drehbewegung der Turbine wird entweder für den Antrieb von Transmissionsgetrieben oder für den Betrieb eines Generators zur Stromerzeugung verwendet.[4]

Grundsätzlich lassen sich zwei Hauptkategorien von Turbinen unterscheiden: Bei den Gleichdruckturbinen kommt es zu keiner Änderung des Wasserdrucks beim Durchströmen des Laufrads. Hier wird lediglich kinetische Energie auf die Wasserkraftmaschine übertragen, ohne eine maßgebliche Änderung der Strömungsgeschwindigkeit herbeizuführen. Überdruckturbinen zeichnen sich durch den Umstand aus, dass der Druck des Wassers bei

Eintritt in die Maschine am höchsten ist und bis zum Austritt eine kontinuierliche Abnahme erfährt. Bei diesem Turbinentyp wird gleichermaßen kinetische und potenzielle Energie auf das Laufrad übertragen.[5]

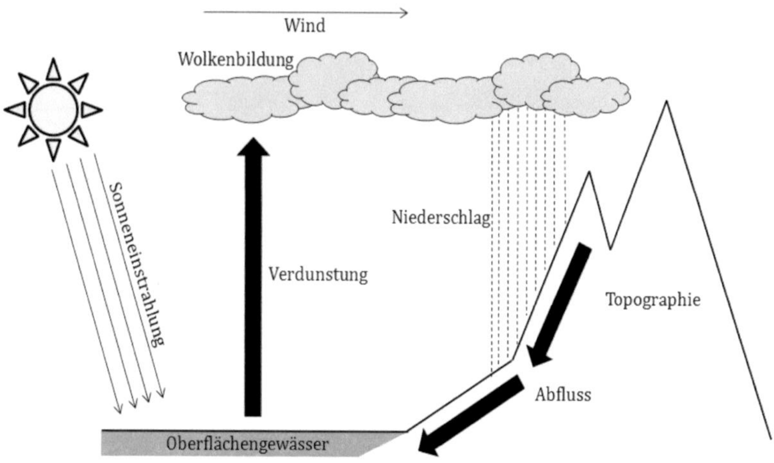

Abb. 2: *Hydrologischer Kreislauf als Basis für die Entstehung von Wasserreservoiren mit erhöhter potenzieller Energie.*

Zu den bekanntesten Gleichdruckturbinen zählen die Pelton- und Durchströmturbine, welche über Wirkungsgrade von 80 bis 90 % verfügen und mit relativ geringen Wasservolumina ihr Auslangen finden. Während die Peltonturbine bevorzugt in Speicherkraftwerken mit großer Fallhöhe des anströmenden Wassers Verwendung findet, gelangt die Durchströmturbine insbesondere in Flusskraftwerken mit niedriger Fallhöhe der Wassermassen zum Einsatz. Als wichtigste Vertreter der Überdruckturbinen gelten die Francis- und Kaplanturbine, welche für einen optimalen Betrieb mittel- bis großdimensionierte Wasservolumina benötigen und sich durch Wirkungsgrade zwischen 90 und 96 % auszeichnen. Die Francisturbine funktioniert bereits bei mittelgroßen Fallhöhen des Wassers und besitzt demzufolge eine universelle Einsatzfähigkeit. Die Kaplanturbine hingegen erbringt ihre optimale Leistung bei niedrigen Fallhöhen des Wassers und gilt deshalb als prädestiniert für die Verwendung in Flusskraftwerken. Die in dieser Zusammenstellung ebenfalls erwähnenswerte Propellerturbine stellt eine Weiterentwicklung der Kaplanturbine mit variablen Einsatzbereichen und maximaler Effizienz (Wirkungsgrad: 96 %) dar (Abb. 3).[6]

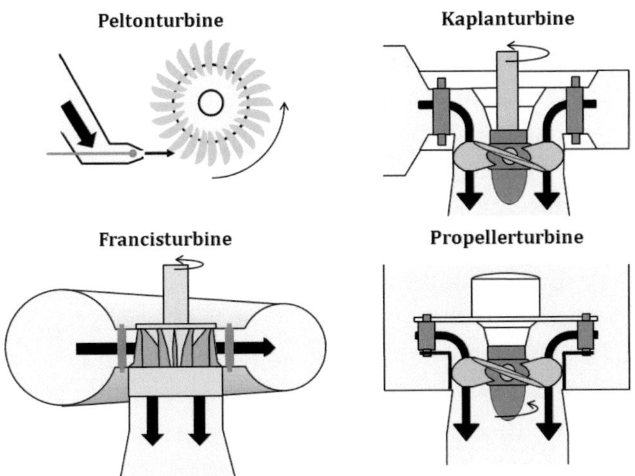

Abb. 3: *Turbinentypen und ihre spezifische Durchströmung mit dem über eine Druckleitung zugeführten Wasser.*

1.1.3 Vor- und Nachteile der Hydroenergie

Wie jede andere Energiequelle besitzt auch die Hydroenergie etliche Vor- und Nachteile, welche in diesem Kapitel kurz zusammengefasst werden sollen. Wenn man mit den Vorzügen der Wasserkraft beginnen möchte, hat man zunächst die Einstufung des Wassers als regenerativer Rohstoff zu betrachten. Wasser kann nicht verbraucht werden und steht deshalb im Gegensatz zu fossilen Energieressourcen wie Kohle, Erdöl und Erdgas dauerhaft zur Verfügung. Eine stärkere regionale Nutzung von Hydroenergie hat automatisch die Schonung von nicht erneuerbaren Energiequellen zur Folge. Ein weiterer gravierender Vorteil der Wasserkraft ergibt sich im Bereich des Klima- und Umweltschutzes: Hydroelektrische Anlagen zeichnen sich im Allgemeinen durch niedrige CO_2-Emissionen aus und sind zudem nach ihrer Außerbetriebstellung recyclebar. Der entsprechende Abbau eines Wasserkraftwerks gestaltet sich in der Regel reibungslos und wird nicht durch die Beseitigung eventueller Gefahrenstoffe beeinträchtigt. Die Errichtung von Wasserkraftanlagen trägt indirekt zum Hochwasserschutz von flussabwärts gelegenen Siedlungen bei; zudem können Speicherseen als Reservoire für Trinkwasser angesehen werden. Als letzter Punkt ist hier noch anzuführen, dass Wasserkraft und andere regenerative Energien zueinander ergänzend wirken, wodurch in hohem Maße auf Speicher- oder Schattenkraftwerke verzichtet werden kann.[7]

Die Nachteile, welche sich vor allem mit dem Bau überdimensionierter Wasserkraftwerke ergeben, dürfen aus ökologischer Sicht keineswegs unterschätzt werden. Bei zahlreichen hydroelektrischen Anlagen hat die Verringerung der sogenannten Restwassermenge (austretendes Wasser unterhalb der Turbinen)einen Eingriff in den Wasserhaushalt des flussabwärts gelegenen Ökosystems zur Folge. Kraftwerke repräsentieren darüber hinaus ökologische Barrieren für Fische und aquatische Kleinstlebewesen, welche nur durch kostspielige bauliche Maßnahmen überwunden werden können. Jede Form der großräumigen Aufstauung von Wasser birgt mehrere Risiken in sich: Durch Sonneneinstrahlung entsteht im Bereich des Stausees eine erhöhte Verdunstung mit möglichen Auswirkungen auf das Mesoklima (z. B. erhöhte regionale Niederschlagsraten). Die dauerhafte Speicherung von Wasser führt zu dessen kontinuierlicher Erwärmung und Verarmung an gelöstem Sauerstoff, wodurch wiederum erheblicher Einfluss auf Fauna und Flora genommen wird. Unterhalb eines Wasserkraftwerks kann durch den verringerten Abfluss eine signifikante Senkung des Grundwasserspiegels erfolgen, wohingegen die in diesem Bereich stattfindende Erosionstätigkeit mitunter eine deutliche Steigerung erfährt. Die Anlage eines Staudamms hat nicht selten die Überflutung riesiger Flächen zur Konsequenz, welche vormals dem Menschen als Lebensraum dienten oder über eine hohe biologische Diversität verfügten. Zuletzt sei noch darauf hingewiesen, dass in großen Stauseen aufgrund der Überflutung mächtiger Biomassemengen CO_2 und Methan (CH_4) gebildet werden, welche einen erheblichen Teil zur globalen Erwärmung beitragen.[8]

Wenn man die Vor- und Nachteile von hydroelektrischen Anlagen gegeneinander abwiegt, kommt man zu dem Schluss, dass bei kleinen und mittelgroßen Kraftwerken ein deutliches Überwiegen der Vorzüge konstatiert werden kann, große Anlagen hingegen zahlreiche Risiken in sich bergen. Hier wäre es sicherlich wünschenswert, wenn zukünftigen Bauvorhaben eine realistische und politisch unbeeinflussbare Risikoabschätzung voranschreiten würde.

1.2 Typen von hydroelektrischen Anlagen

Zur allgemeinen Klassifizierung von Wasserkraftanlagen können unterschiedliche Parameter herangezogen werden. Betrachtet man etwa die Nutzfallhöhe des anströmenden Wassers, lässt sich eine Differenzierung zwischen Niederdruckanlagen (Fallhöhe < 15 m), Mitteldruckanlagen (Fallhöhe < 50 m) und Hochdruckanlagen (Fallhöhe > 50 m) vornehmen. Die Energiewirtschaft unterscheidet zwischen sogenannten Grund-, Mittel- und Spitzenlastkraftwerken, wobei die erste Kategorie der ständigen Stromversorgung dient, die dritte hingegen nur bei deutlich erhöhtem Strombedarf zum Einsatz gelangt. Bei einer Klassifizierung nach der installierten Leistung gibt es mit der Kleinwasserkraftanlage (< 1 MW), der mittelgroßen Wasserkraftanlage (< 100 MW) und der Großwasserkraftanlage (> 100 MW) insgesamt drei Kategorien, von denen erstere die weitaus größte Verbreitung aufweist. Hydroelektrische Anlagen lassen sich auch nach ihrem Standort verschiedenen Klassen zuordnen: Hier kann eine Differenzierung zwischen entsprechenden Stromproduktionsstätten am Flussoberlauf, solchen am Mittellauf, solchen am Unterlauf und solchen am Meer durchgeführt werden. Je nach Betriebsweise gibt es sowohl Kraftwerke, welche im Inselbetrieb arbeiten, als auch solche, die für den Verbundbetrieb konzipiert sind. Als ein zuletzt noch erwähnenswertes Klassifikationskriterium gilt das die Turbinen antreibende Medium, bei dem es sich um Nutzwasser, Trinkwasser oder eine andere für den Transport in Pipelines geeignete Flüssigkeit (z. B. Öl) handeln kann.[9]

Neben den oben erläuterten Klassifizierungen kann auch eine Einteilung von Wasserkraftwerken nach dem Bautyp erfolgen. Da diese Form der Unterscheidung unabhängig von physikalischen Parametern ist und im Rahmen dieser Abhandlung am sinnvollsten erscheint, soll sie in den nachfolgenden Abschnitten zu einer etwas detaillierteren Darstellung gelangen. Grundsätzlich lassen sich sechs verschiedene Anlagentypen differenzieren, von denen jedoch lediglich drei für das Bundesland Salzburg und seine nähere Umgebung eine größere Rolle spielen. Dem Laufwasserkraftwerk stehen bei dieser Kategorisierung das Speicherkraftwerk, Pumpspeicherkraftwerk, Wellenkraftwerk, Gezeitenkraftwerk, Gradientenkraftwerk und Gletscherkraftwerk gegenüber.[10]

1.2.1 Laufwasserkraftwerke

Laut allgemeiner Definition handelt es sich beim Laufwasserkraftwerk um eine hydroelektrische Anlage, welche sich im Regelbetrieb durch eine Äquivalenz des Zuflusses oberhalb der Stauanlage und des Abflusses unterhalb der Stromproduzierenden Struktur auszeichnet. Hier erfolgt also keine Speicherung des Wassers zur ökonomischen Nutzung bei Verbrauchs- und

Zuflussschwankungen. Entsprechende Bauwerke werden auch als Laufkraftwerke oder Flusskraftwerke bezeichnet.[11]

Die Funktionsweise von Laufwasserkraftwerken ist denkbar einfach und folgt zur Gänze dem in Abb. 1 vorgestellten Energieumwandlungsschema. Als Herzstück der Anlage gilt die Wasserturbine, welche durch die einströmenden Wassermassen in eine Drehbewegung versetzt wird und ihrerseits einen Generator antreibt. Wie schon zuvor angesprochen wurde, stellt die Fallhöhe des Wassers einen essenziellen physikalischen Parameter dar, der sich mithilfe einer Wehranlage steigern lässt. Der durch die Flusssperre entstehende Rückstauraum bleibt während des Betriebes konstant. Neben der Höhendifferenz zwischen Ober- und Unterwasser bestimmt insbesondere die sogenannte Ausbauwassermenge (maximaler Durchfluss durch den Turbinenschacht) über Leistung und Arbeitsvermögen des Kraftwerks. Anhand eines am Austritt der Wasserturbine installierten Diffusors, der hinsichtlich seiner Wirkung einer umgekehrten Düse entspricht, kann der Wirkungsgrad der Kraftmaschine bei gegebenem Höhenunterschied noch zusätzlich gesteigert werden. Das durch die Turbine erzeugte Drehmoment wird direkt an die Welle des Generators weitergeleitet, wodurch die Umwandlung von mechanischer Energie in elektrischen Strom eintritt. Ein grobes Konstruktionsschema des Laufkraftwerks ist der nachfolgenden Abb. 4 zu entnehmen.[12]

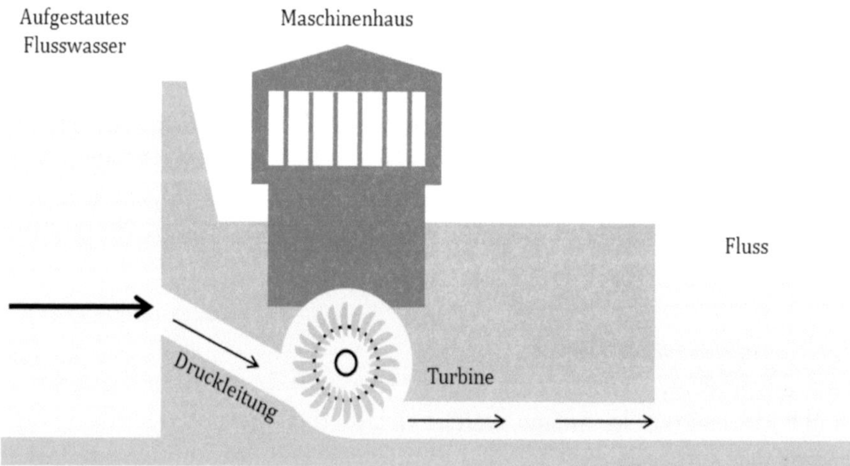

Abb. 4: *Stark vereinfachte Skizze zum technischen Aufbau eines Laufwasserkraftwerks.*

Laufwasserkraftwerke zeichnen sich in erster Linie durch ihre permanente Stromproduktion aus, wodurch sie hauptsächlich zur Abdeckung der Grundlast verwendet werden. Bei Hoch- und Niedrigwasser kann eine teils signifikante Leistungsreduktion der Anlagen eintreten, wobei im ersten Fall das Schluckvermögen der Turbine überschritten und die Differenz zwischen Ober- und Unterwasser verringert wird, im zweiten Fall hingegen eine deutliche Abnahme des Durchflusses erfolgt. Im Normalbetrieb weisen die Turbinen zumeist eine gute, über 50 % liegende Auslastung auf, was bei den allgemein geringen Betriebskosten zur Produktion von kostengünstigem Strom führt. Aus ökologischer Sicht stellen Laufkraftwerke aufgrund der Nutzung erneuerbarer Energiequellen sicherlich bevorzugte Stromerzeuger dar, auch wenn ihr Bau zu einer nachhaltigen Veränderung des umgebenden Ökosystems führen kann.

1.2.2 Speicherkraftwerke

Im Gegensatz zum Laufwasserkraftwerk verfolgt ein Speicherkraftwerk das primäre Ziel, elektrische Energie in Form der potenziellen Energie von Oberflächenwasser zu speichern. Um dieser Funktion gerecht werden zu können, ist die Aufstauung eines Fließgewässers zu einem Speichersee nötig, aus welchem in Phasen von erhöhtem Energiebedarf (Spitzenlast) Wasser abgezogen und zur Produktion von elektrischem Strom verwendet werden kann. Speicherkraftwerke verfügen im Vergleich zu Laufwasserkraftwerken über ein deutlich gesteigertes nutzbares Speichervolumen. Während jene in den Stromnetzen verfügbare elektrische Energie nicht gespeichert werden kann, besteht bei diesem Kraftwerkstyp die Möglichkeit der Speicherung in Form der bereits genannten Lageenergie, so dass letztendlich ein Gleichgewicht zwischen Energieverbrauch auf der einen Seite und Energieproduktion auf der anderen garantiert werden kann. Speicherkraftwerke sind technisch so konzipiert, dass sie innerhalb relativ kurzer Zeit auf Verbrauchsschwankungen reagieren können und einen eventuellen Zusammenbruch des Stromnetzes bei sprunghaft gestiegener Nachfrage nach Energie verhindern.[13]

Der technische Aufbau eines Speicherkraftwerks gestaltet sich äußerst einfach. Im Grunde genommen sind mit der Stauanlage, der Treibwasserzuführung und dem Maschinenhaus lediglich drei Hauptbestandteile zu unterscheiden. Das Stauwerk dient der Sammlung des Wassers in einem als Stausee bezeichneten künstlichen Becken. Zu diesem Zweck wird entweder eine

Staumauer oder ein Staudamm errichtet. Der Stausee wird in der Regel durch einen natürlichen Zufluss gespeist, kann aber auch mit weiter entfernten Oberflächengewässern über ein spezifisches Stollensystem in Verbindung stehen, wodurch eine zusätzliche Erhöhung der gespeicherten Wassermenge erzielt wird. Die Triebwasserzuführung bezeichnet die Ableitung des Wassers vom Speichersee zum tiefer gelegenen Maschinenhaus über spezielle Druckstollen oder Druckrohrleitungen. Auf dem letzten Teilstück der Druckleitung ist häufig ein Wasserschloss positioniert, welches als Struktur zur Regulierung des Strömungsdrucks bewertet werden kann. Im Maschinenhaus trifft jenes über das Rohrleitungssystem transportierte Wasser mit einem Druck von einigen hundert bar auf die Turbine, die dadurch wiederum in Rotation versetzt wird und mit ihrem Drehmoment einen Generator zur Erzeugung von elektrischem Strom antreibt. Das über die Turbine geleitete Wasser gelangt in ein Unterbecken, welches seinerseits oftmals als Oberbecken eines nachfolgenden Speicherkraftwerks dient. Das Bauprinzip einer derartigen Anlage ist in Abb. 5 zusammengefasst.[14]

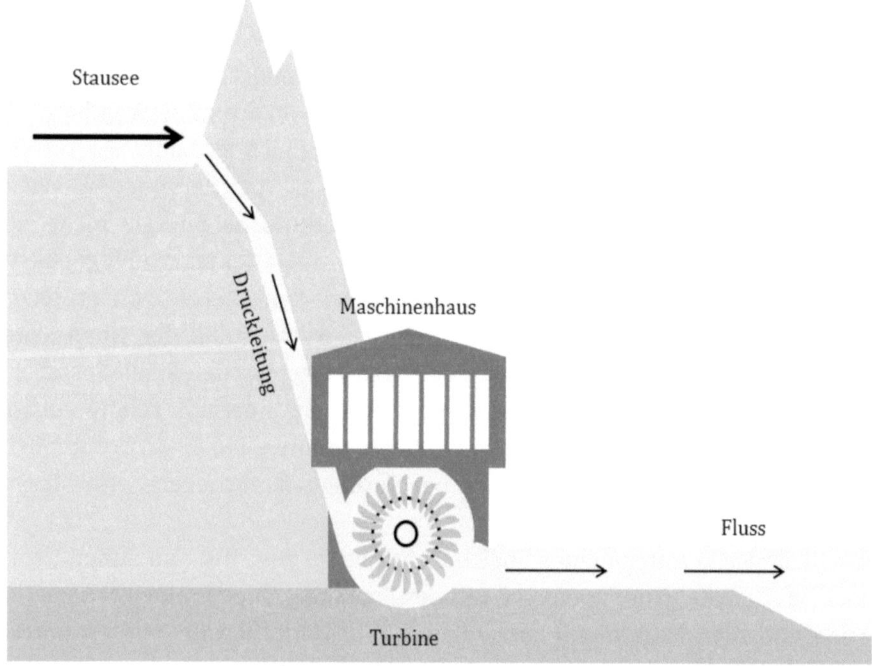

Abb. 5: *Stark vereinfachtes Schema zur Verdeutlichung des technischen Aufbaus eines Speicherkraftwerks.*

Speicherkraftwerke werden in Abhängigkeit von ihrem Füll- und Entleerungsrhythmus in Tages-, Wochen-, Monats- und Jahresspeicher unterteilt, fungieren in den Alpen jedoch häufig als Jahresspeicher mit schwerpunktmäßiger Stromproduktion im Winter. Trotzdem diese Anlagen innerhalb von Minuten ans Stromnetz geschaltet werden können, stehen sie in ökologischer Hinsicht in der Kritik, da sie zu einer maßgeblichen Veränderung der alpinen Landschaft führen und teilweise enormes Gefahrenpotenzial in sich bergen[15] (z. B. Vaiont-Katastrophe im Jahre 1963; Abb. 6).

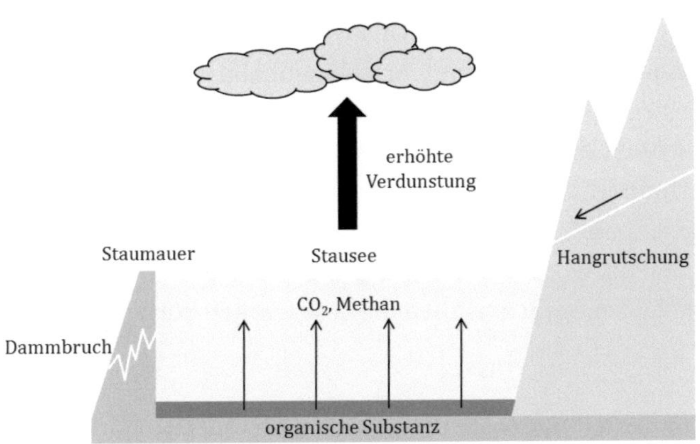

Abb. 6: *Mögliche Gefahren für Mensch und Umwelt, welche in Verbindung mit Speicherkraftwerken zu berücksichtigen sind.*

1.2.3 Pumpspeicherkraftwerke

Das Pumpspeicherkraftwerk oder Umwälzwerk stellt eine Sonderform des Speicherkraftwerks da, weil hier die Speicherung von elektrischer Energie durch Emporpumpen von Wasser auf höheres Niveau erfolgt. Dieses in einem entsprechenden Speicher gelagerte Wasser wird später wieder über ein Druckrohrsystem nach unten befördert und treibt im Maschinenhaus Turbinen und Generatoren an. Der primäre Zweck von Pumpspeicherkraftwerken besteht im Wesentlichen darin, in Phasen mit geringem Strombedarf (Nacht, Wochenenden) Leistung aus dem Netz für den Pumpbetrieb abzuziehen, in Phasen mit hohem Strombedarf hingegen entsprechende Leistung in das Netz einzuspeisen.[16]

Der technische Aufbau eines Pumpspeicherkraftwerks ist wesentlich komplexer als jener der zuvor erläuterten Anlagentypen. Eine derartige Baustruktur zur Erzeugung von elektrischem Strom benötigt ein oberes Speicherbecken (Oberwasserbecken) sowie ein unteres Tiefbecken (Unterwasserbecken), welche durch mehrere Druckwasserleitungen miteinander verbunden sind. Die Maschinenhalle enthält im einfachsten Fall eine Wasserturbine, eine Pumpe und eine rotierende elektrische Maschine, die wahlweise als Generator oder Elektromotor betrieben werden kann. Der Generator gelangt im Stromproduktionsbetrieb zum Einsatz, während der Elektromotor zum Betrieb der Pumpe dient. Turbine und Pumpe agieren in der Regel als eigenständige Einheiten und treten wechselweise unter Verwendung eines sogenannten Absperrschiebers mit der Rohrleitungssystem in Verbindung. Zum Ausgleich von Druckstößen ist zumeist ein Wasserschloss zwischen Speicherbecken und Maschinenhalle eingeschaltet. Das Grundkonzept des Pumpspeicherkraftwerks ist in Abb. 7 skizziert.[17]

Trotz ihrer oben dargestellten Vorteile einer Optimierung der Leistungsbilanz im Stromnetz arbeiten Pumpspeicherkraftwerke gegenwärtig mit relativ niedriger Rentabilität, weshalb sie sukzessive durch alternative Energiekonzepte ersetzt werden. In ökologischer Hinsicht liegen ähnliche Bedenken wie bei herkömmlichen Speicherkraftwerken vor.

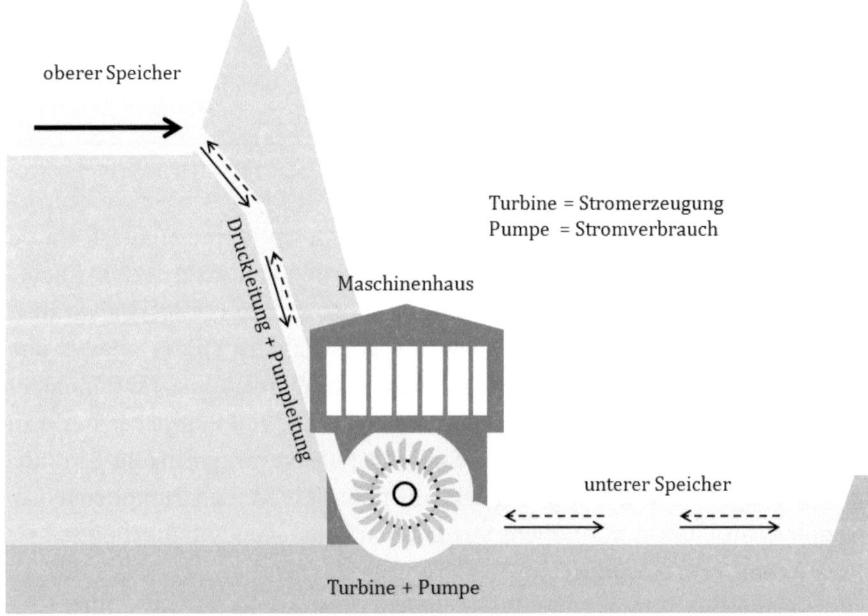

Abb. 7: *Stark vereinfachte Darstellung zur Verdeutlichung des technischen Aufbaus eines Pumpspeicherkraftwerks.*

1.3 Nutzung von Wasserkraft

1.3.1 Globale Nutzung von Hydroenergie

Bei Betrachtung der weltweiten Verwendung von Hydroenergie ist voraus-zuschicken, dass dieser Energieträger prinzipiell über ein großes Potenzial verfügt. Das Ausmaß seiner Nutzungen hängt jedoch von mehreren Faktoren ab, unter welchen die Niederschlagsmengen sowie topografische und geografische Gegebenheiten besonders hervorzuheben sind. Von renommierten Wissenschaftsgruppen durchgeführte Schätzungen gehen davon aus, dass sich das technisch nutzbare Potenzial der Hydroenergie auf 26000 TWh pro Jahr beläuft. Das tatsächlich erschließbare Potenzial liegt jedoch wesentlich niedriger und beträgt 16000 TWh pro Jahr. Damit wäre es im Jahre 2005 noch möglich gewesen, den globalen Strombedarf zur Gänze zu decken.[18]

Wenn man sich das Jahr 2016 etwas genauer ansieht, gelangt man zu der Feststellung, dass alle zum damaligen Zeitpunkt installierten Wasserkraft-anlagen eine Leistung von rund 1096 GW erbrachten und darauf basierend etwa 4100 TWh elektrischer Energie erzeugten. Die Hydroenergie machte damit 16,6 % des Weltbedarfs an Elektrizität aus und bemaß sich zudem auf zwei Drittel der gesamten Stromerzeugung aus erneuerbaren Energie-quellen (Abdeckung von 24,5 % des globalen Strombedarfs). Die durch Nutzung der Wasserkraft produzierte Energie über die entsprechende Pro-duktion von Kernkraftwerken um das 1,7-fache, wodurch die Bedeutung dieser Energiequelle eine zusätzliche Unterstreichung erfährt. Als Haupter-zeuger von elektrischem Strom aus Hydroenergie gelten den aktuellen Sta-tistiken zufolge China, Brasilien, Kanada, die USA und Russland. Zu jenen Ländern mit dem größten Wachstumspotenzial zählen neben China und Brasilien vor allem die Türkei und Indien. In den nachfolgenden Grafiken sind einige interessante Daten der fünf größten Wasserkraftproduzenten zusammengefasst (Abb. 8, 9).[19]

Bei Betrachtung der Jahresproduktion kann eine klare Vorherrschaft der Volksrepublik China (652,1 TWh) konstatiert werden. Kanada und Brasilien verfügen mit rund 360 TWh über ein sehr ähnliches produktives Potenzial, wohingegen das an fünfter Stelle platzierte Russland eine jährliche Energie-erzeugung aus Wasserkraft von 167 TWh aufweist (Abb. 8). Wenn man ei-nen genaueren Blick auf den Anteil der Wasserkraft an der gesamten Strom-produktion des jeweiligen Landes wirft, tritt eine komplette Umkehrung der Verhältnisse auf. Demnach zeigt Brasilien mit 85,56 % die effizienteste

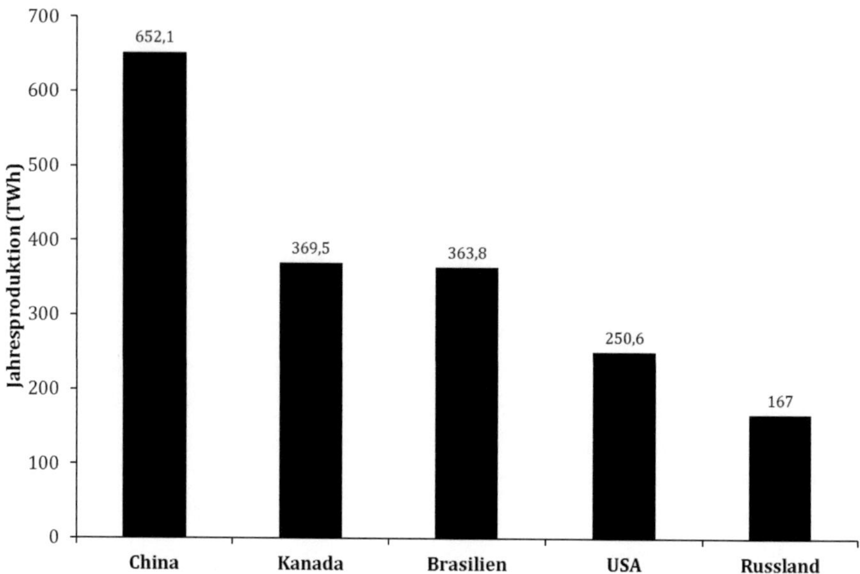

Abb. 8: *Jahresproduktion (TWh) bei den fünf weltweit größten Energieerzeugern aus Wasserkraft.*

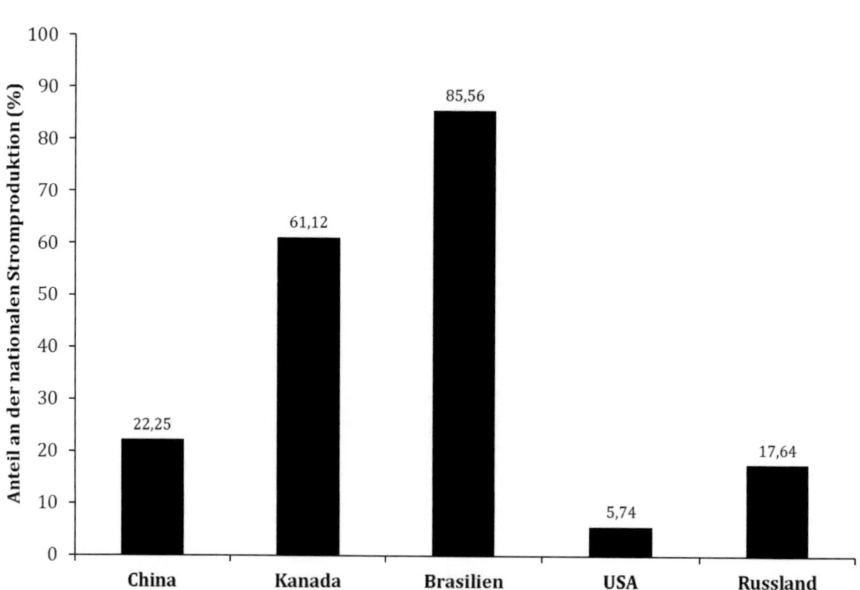

Abb. 9: *Anteil der Hydroenergie an der gesamten nationalen Stromproduktion.*

Nutzung, während China lediglich 22,25 % seines Strombedarfs mit Hydroenergie abzudecken vermag. In den Vereinigten Staaten beträgt der Anteil
der Wasserkraft am Gesamtenergieaufkommen sogar nur 5,74 %, was für
den enormen Energiebedarf des Landes spricht.

1.3.2 Rolle der Wasserkraft in Europa

Auch in Europa kann der Wasserkraft ohne Zweifel ein hoher Stellenwert
zugemessen werden. Wie eine Statistik aus dem Jahre 2013 recht klar zu erkennen gibt, gelten hier Norwegen, Frankreich, Schweden, Italien und
Österreich als die größten Stromproduzenten. Auch in Bezug auf die
jährlich erbrachte Leistung übernimmt Norwegen mit 140 TWh (2016) die
Vorreiterrolle. Innerhalb der Europäischen Union liegt Frankreich mit rund
70 TWh (2011) an der Spitze, was mehr als 20 % der insgesamt in den EU-
Ländern produzierten Energie aus Wasserkraft entspricht. Schweden und
Italien schlagen in diesem Fall mit je 50 bis 60 TWh zu Buche. Im Vergleich
zu den größten Erzeugern von Elektrizität aus Hydroenergie muten diese
Werte freilich eher bescheiden an. Ganz anderes sieht die Sache jedoch
wieder dann aus, wenn man die jeweilige Landesfläche in die Überlegungen
miteinbezieht.[20]
Bei genauerer Betrachtung jener in den nachfolgenden Grafiken präsentierten Daten kann man nochmals die deutliche Vorreiterrolle Norwegens hinsichtlich der Wasserkraft erkennen. Das Land produziert aus dieser regenerativen Quellen etwa doppelt so viel Strom wie Schweden und dreimal so
viel Strom wie Österreich (Abb. 10). Hierbei ist natürlich zu bedenken, dass
Norwegen in Hinblick auf seine jährlichen Niederschlagsmengen und seine
Topografie als geradezu prädestiniert für die energetische Nutzung der natürlichen Ressource Wasser gilt. Norwegen vermag seinen Strombedarf zur
Gänze durch Wasserkraft zu decken und kann darüber hinaus noch einen
signifikanten Anteil der produzierten Elektrizität (17,5 %) an ausländische
Verbraucher verkaufen. In Österreich beträgt der Anteil der Hydroelektri-
zität an der gesamten Stromproduktion immerhin noch 66,7 % und in
Schweden 49,1 %. Eine völlig andere Situation ergibt sich für Frankreich
und Italien, welche aufgrund ihrer hohen Bevölkerungszahl und ihres starken Industrialisierungsgrades lediglich 16 und 18,4 % des Strombedarfs
mit Wasserkraft kompensieren können (Abb. 11).
Ein Vergleich der deutschsprachigen Länder Deutschland, Österreich und
Schweiz liefert ebenfalls wichtige Erkenntnisse hinsichtlich der Nutzung

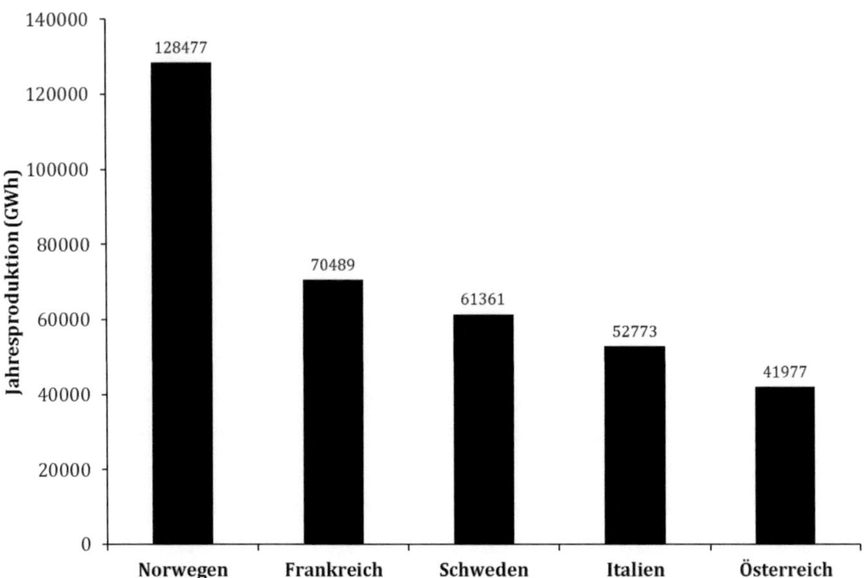

Abb. 10: *Jahresproduktion (GWh) bei den fünf größten Energieerzeugern aus Wasserkraft in Europa (2013).*

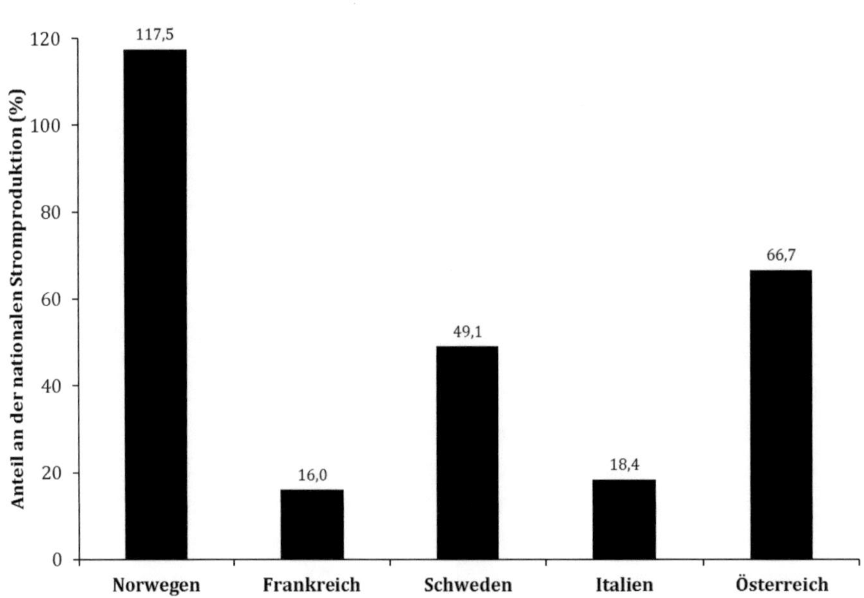

Abb. 11: *Anteil der Wasserkraft an der gesamten nationalen Stromproduktion (2013).*

von Wasserkraft. Die Jahresproduktion von Hydroelektrizität beläuft sich in Deutschland auf 22998 GWh und in der Schweiz auf 39308 GWh. Damit besitzt die Bundesrepublik etwas mehr als die Hälfte des hydroenergetischen Strompotenzials von Österreich, wohingegen die Schweiz und Österreich sehr ähnliche Werte aufweisen. Deutschland ist trotz seiner ungefähr 7500 Wasserkraftanlagen lediglich in der Lage, 4,4 % seines Gesamtstrombedarfs mit Hydroenergie zu decken. In der Schweiz beläuft sich dieser Wert immerhin auf 56,4 % und liegt damit rund 10 Prozentpunkte unter jenem Österreichs.

1.3.3 Bedeutung der Hydroenergie in Österreich

Im letzten Abschnitt wurde bereits auf die wichtige Rolle der Wasserkraft in der Alpenrepublik hingewiesen. Die Bedeutung der Hydroenergie ist dabei in den vergangenen 25 Jahren tendenziell angewachsen. Belief sich die Jahresproduktion von Energie aus Wasserkraft 1990 noch auf 31509 GWh, so betrug sie 2015 37056 GWh, was einem Zuwachs von rund 20 % entspricht. Hierbei muss freilich auch berücksichtigt werden, dass die Stromerzeugung nicht stetig anstieg, sondern etliche Höhen und Tiefen verzeichnete (Abb. 12). Als ein diesbezüglicher Höhepunkt gilt beispielsweise das Jahr 2000, in welchem eine Jahresstromproduktion von 41836 GWh erzielt werden konnte.[21]

Zuletzt sei in diesem Zusammenhang noch ein Blick auf die durchschnittliche jährliche Stromproduktion in den einzelnen österreichischen Bundesländern geworfen. Wie aus der betreffenden Grafik leicht abgelesen werden kann, repräsentiert Oberösterreich jenes Bundesland mit der höchsten Erzeugung von Hydroelektrizität (ca. 9900 GWh). An zweiter Stelle rangiert in dieser Statistik Niederösterreich gefolgt von Tirol, Kärnten, Salzburg, der Steiermark und Vorarlberg. Die Bundeshauptstadt Wien und das Burgenland sind aufgrund ihrer nachteiligen Topografie von diesen Betrachtungen ausgenommen. Oberösterreich gilt aus mehreren Gründen als prädestiniert für die Stromerzeugung aus Wasserkraft: Zum einen verfügt das Bundesland durch seinen hohen Gebirgsanteil und sein weitläufiges Flusssystem über hervorragende Voraussetzungen zur Nutzung von Hydroenergie. Zum anderen schlägt hier die Einbeziehung der Donau als Hauptenergieträger sehr deutlich zu Buche. In Salzburg beträgt die Jahresproduktion von Hydroelektrizität immerhin noch 3400 GWh, wodurch mehr als die Hälfte des Strombedarfs abgedeckt werden kann.

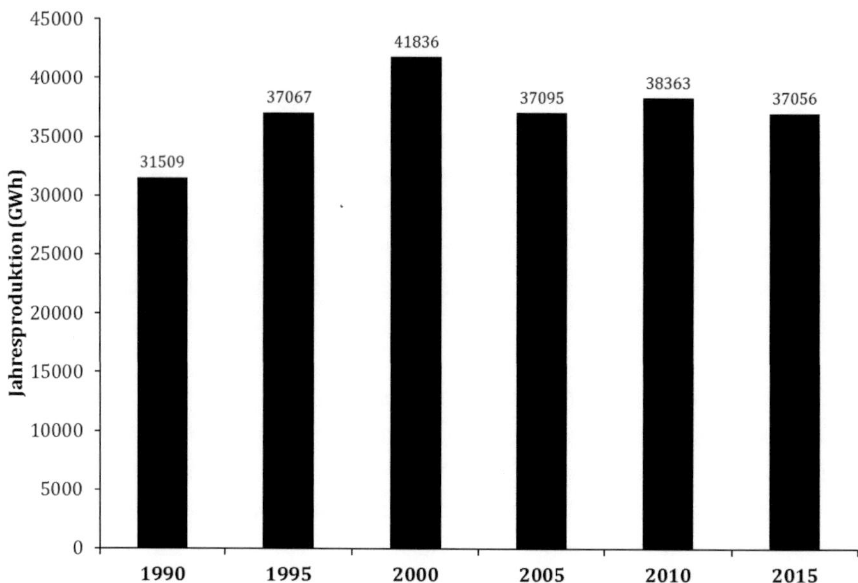

Abb. 12: *Entwicklung der Jahresstromproduktion (GWh) aus Wasserkraft in Österreich in den Jahren 1990 bis 2015.*

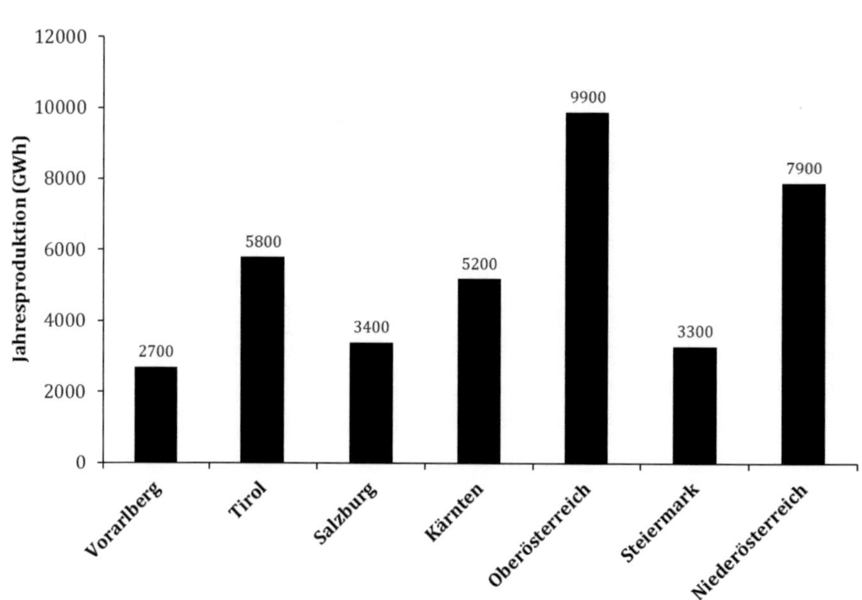

Abb. 13: *Durchschnittliche jährliche Stromproduktion (GWh) aus Wasserkraft in einzelnen österreichischen Bundesländern.*

Kapitel 2

Eine kurze Geschichte der Wasserkraft

2.1 Vorindustrieller Entwicklungsverlauf

2.1.1 Bedeutung der Wasserkraft in vorchristlicher Zeit

Zum Zweck der Bewässerung wurden bereits im alten Mesopotamien Schöpfräder entwickelt, für deren Betrieb man jedoch noch nicht die Kraft des Wassers selbst nutzte, sondern die von Menschen und später von Eseln und Ochsen gebotene Muskelkraft heranzog. Die Antriebskraft des Wassers selbst fand erst wesentlich später in der römischen Kultur ihre verstärkte Beachtung, war es doch notwendig geworden, für die permanente Wasserversorgung von Städten den Betrieb jener Schöpfräder, welche den Viadukten das Wasser zuführten, Tag und Nacht aufrechtzuerhalten. Eine dieser riesigen Wasserschöpfmaschinen, die seit beinahe 2.500 Jahren in Betrieb steht, wurde am Fluss Orontes in Syrien errichtet und dient noch heute zur Bewässerung der umliegenden Felder (Abb. 14).[22]

Unabhängig von den alten Hochkulturen des Nahen Ostens, Ägyptens und Europas wurde die Wasserkraft auch in China sehr früh genutzt, was zur Entwicklung von für diese Region typischen Schaufelrädern führte. Verfolgte man mit den Konstruktionen über viele Jahrhunderte lediglich das Ziel der Bewässerung, so erfuhr die Kraft des Wassers schließlich bei den Griechen und Römern eine wesentlich vielfältigere Anwendung. Im 3. Jh. v. Chr. entwickelte Archimedes von Syrakus (287-212 v. Chr.), der vielen von uns durch das so genannte „Archimedische Prinzip" oder Auftriebsprinzip bekannt ist, eine Vorrichtung, mit deren Hilfe sich Wasser auf eine höhere Ebene emporheben ließ. Diese „Archimedische Schraube" findet noch bis zum heutigen Tage in Ägypten ihre Nutzung, wo es gilt, das lebenspendende Wasser des Nils zu den höher gelegenen Feldern zu transportieren. Eine alternative Methode zum Transport von Wasser wurde um 200 v. Chr. durch den Erfinder Philon von Byzanz entwickelt. Dabei wird das Drehmoment eines Schaufelrades auf zwei durch eine Kette verbundene Wellen übertragen. Die Wellen wiederum geben ihre Kraft an zwei dreieckige Trommeln weiter, durch deren Drehung ein mit Schöpfbehältern versehenes Band in Bewegung versetzt wird. Sobald die wassergefüllten Behälter an oberster Stelle des Förderbandes angekommen sind, entleeren sie ihre Ladung in eine Wasserleitung (Abb. 15).[23]

Eine weitere frühe Nutzung der Wasserkraft bestand darin, Kornmühlen anzutreiben. Wann genau dieser aus technisch-historischer Sicht so bedeutsame Schritt erfolgt war, lässt sich heute leider nicht mehr exakt rekonstruieren. Es spricht jedoch einiges dafür, dass es in Westanatolien bereits um

100 v. Chr. derartige fortschrittliche Mahlwerke gegeben haben könnte. Wie uns der griechische Historiker und Geograf Strabon (63 v. Chr. - 26 n. Chr.) in seinem Werk mitteilt, soll auch König Mithridates VI. aus dem asiatischen Pontos im Besitz einer wasserbetriebenen Mühle gewesen sein. Das von den senkrecht orientierten Wasserrädern erzeugte Drehmoment wurde mit zumeist sehr einfachen Riemen- oder Zahnradkonstruktionen auf die Mühlsteine übertragen, deren Drehbewegung und gegenseitiger Kontakt zur Zerkleinerung des zugebrachten Korns führten (Abb. 16).[24]

Neben der sehr alten Konstruktion des senkrechten Wasserrades hielt auch jene des horizontalen Wasserrades kontinuierlich Einzug in die antike Technik. Die mit dem Wasserrad verbundene und zur Weiterleitung der Kraft dienende Achse war hier senkrecht orientiert, was in vielen Fällen den Gebrauch von teils sehr aufwendigen Zahnradkonstruktionen ersparte. Dem horizontalen Wasserrad war es ob seiner Einfachheit auch zu verdanken, dass in antiken Haushalten und Werkstätten erste Automationen einzelner Arbeitsprozesse stattfinden konnten. Die Gestalt der Wasserräder selbst variierte im Laufe der Jahrhunderte, war jedoch auch durch signifikante regionale Unterschiede gekennzeichnet. Eine solche Form etwa lässt sich in Verbindung mit dem bedeutenden römischen Architekten Vitruv bringen, der entsprechende Konstruktion in seiner Schrift De architectura im Detail darstellte. Vitruv erkannte, dass ein Wasserrad mit gebogenen Schaufeln wesentlich effizienter funktionierte als die Vorgängerkonstruktionen mit den geraden Flügeln. Das entwickelte Konzept geriet zu einem dermaßen großen Erfolg, dass es in den folgenden Jahrhunderten eine rasche Verbreitung insbesondere im Agrarsektor erfuhr. Besonders das Mahlen von Getreide konnte mit Hilfe des horizontalen Wasserrades nach Vitruv sehr leicht durchgeführt werden – ein Umstand übrigens, aufgrund dessen die Anlagen bis zum heutigen Tage im Balkan ihre uneingeschränkte Anwendung finden.[25]

Die recht bald vor der Zeitenwende einsetzende Verbreitung der Wassermühle im mediterranen Raum – sei es mit senkrechtem oder waagrechtem Wasserrad – hatte freilich zur Folge, dass auch so mancher Dichter dieser fortschrittlichen Technik seine Aufmerksamkeit widmete, so etwa der griechische Lyriker Antipatros von Thessalonike, der zu Beginn des 1. Jh. v. Chr. folgende Verse niederschrieb:[26]

Hört auf, Mehl zu mahlen ihr Frauen, ihr plaget euch an

Den Zeilen kann mit einiger Klarheit entnommen werden, dass das Mahlen des Getreides im antiken Griechenland Frauensache war und dieser Prozess lange Zeit mühsam per Hand getätigt werden musste. Die Einführung der Wassermühlen bedeutete für die Frauen eine wesentliche Erleichterung ihres Alltagslebens und bot ihnen zudem laut Antipater die Möglichkeit, sich vermehrt anderen Aufgaben im Oikos zu widmen.

2.1.2 Die Wasserkraft in der Spätantike

Die frühen Wasserräder, welche vornehmlich dem Wassertransport beziehungsweise dem Betrieb von Mühlenanlagen dienlich waren, wurden an ihrer Unterseite vom fließenden Wasser angetrieben, weshalb man sie auch als unterschlächtig bezeichnet. Derartige Konstruktionen besitzen den Nachteil, dass lediglich die Strömungsenergie des Wassers genutzt wird. Zudem steht die Anlage im Falle eines Austrocknens des Zubringers gänzlich still. Dieser Umstand dürfte auch bereits den Römern bekannt gewesen sein, weshalb sie an die Entwicklung verbesserter, vom Wasserstand eines Flusses unabhängiger Konstruktionen gingen. Im 4. Jh. n. Chr. schließlich gelang ihnen mit der Einführung des so genannten oberschlächtigen Wasserrades jene angepeilte signifikante Verbesserung.[27] Dabei wird dem Wasserrad von oben her das fließende Wasser zugeführt, wodurch neben der Strömungsenergie nun auch die Fallenergie des Wassers zur Nutzung kommt. Bei Verwendung künstlicher Zubringer konnte das Wasserrad permanent genutzt werden und ließ seinen Betrieb nicht etwa von den Witterungsverhältnissen abhängig werden. Das wohl älteste Relikt einer wasserbetriebenen Mühle mit oberschlächtigen Wasserrädern befindet sich in Barbegal bei Arles in Frankreich, wo man mit dieser Bauweise eine zum damaligen Zeitpunkt enorm hohe Effizienz in der Mehlproduktion (2,8 Tonnen pro Tag) erreichen konnte (Abb. 17).[28]

Wir wissen heute, dass die Römer in vielerlei Hinsicht wegweisend für die technologische Entwicklung im Mittelalter und in der Neuzeit waren. Sie nutzten die Wasserkraft nämlich nicht nur zu jenen bereits erwähnten Zwecken, sondern vermochten mit deren Hilfe auch erstmals tief gelegenes Grundwasser mittels einer speziellen Pumpkonstruktion an die Oberfläche empor zu befördern. Archäologischen Funden im Hunsrück zufolge handelte es sich bei diesem Gerät um eine hölzerne Doppelkolbenpumpe, bei der durch das Wechselspiel zweier Kolben das Wasser zunächst in eine Ventilkammer angesaugt und in weiterer Folge in das zentrale Steigrohr gedrückt wurde.[29]

2.1.3 Die Wasserkraft im Mittelalter

Im Mittelalter erlebten sowohl das unterschlächtige als auch das oberschlächtige Wasserrad eine bedeutende Renaissance. Erfolgte in der Antike die Ausbreitung dieser beiden Technologien außerhalb des römischen Wirkungsbereichs noch etwas zaghaft, so ließ sie sich im Hochmittelalter infolge des aufblühenden Handwerks kaum mehr einbremsen. In England gab es in der zweiten Hälfte des 11. Jh. bei einer Gesamtbevölkerung von ungefähr 1 Million Menschen 8000 Wassermühlen, was etwa einer Anlage pro 125 Einwohnern entsprach. Die hohe Dichte an Mühlen lässt sich unter anderem dadurch erklären, dass neben die traditionellen Getreidemühlen Schmiedewerke zur Herstellung von allerlei metallischen Gegenständen sowie Hammerwerke zur Zerkleinerung metallhaltiger Erze traten.[30]

Die Anwendungsmöglichkeiten der Wasserkraft oblagen mit Fortdauer des Mittelalters einer exponentiellen Steigerung, so dass am Ende dieser Epoche nicht mehr nur die Erzzerkleinerung wasserbetrieben war, sondern auch die Förderung des Erzes und die Sauerstoffversorgung der Röstglut mittels Blasebälgen. Zudem erfolgte die Entwicklung von eigenen Maschinen zum Ziehen von Draht, der in weiterer Folge zu Haushalts- und Rüstungsgegenständen verarbeitet wurde, sowie von Gerätschaften zum Gerben, Walken, Sägen und Hämmern.[31]

Der Transfer der einst von den Griechen und Römern entwickelten Technologie ins Mittelalter blieb zunächst freilich jener Bevölkerungsgruppe vorbehalten, welche im Stande war, mit den antiken lateinischen und griechischen Schriftquellen umzugehen. So kann das Mönchstum auch als wegweisend für die mittelalterliche Etablierung der Wasserkraft angesehen werden. Insbesondere den Vertretern des Benediktinerordens ist es zu verdanken, dass die Wasserkraft überhaupt ihren Teil zur Automation vieler Werkstätten beitragen konnte. Neben diesem mitteleuropäischen Technolo-

Abb. 14: *Wasserbetriebenes Schöpfrad (Durchmesser: 20 m) am Fluss Orontes in Syrien.*

Abb. 15: *Wasserbetriebene Schöpfkonstruktion des griechischen Erfinders Philon von Byzanz.*

Abb. 16: *Antike Konstruktion mit horizontalem Wasserrad für den Betrieb einer Mühle.*

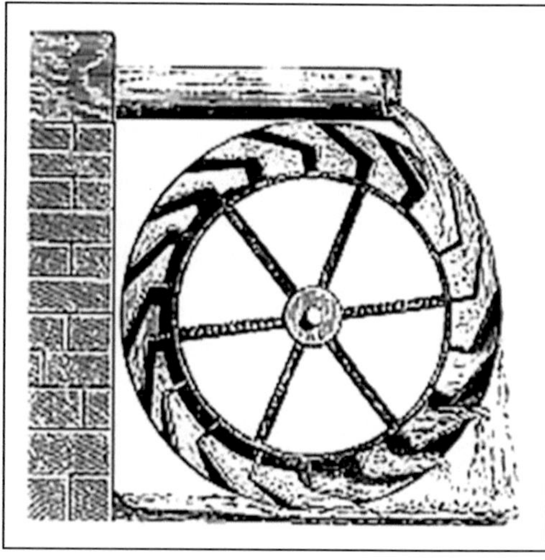

Abb. 17: *Von den Römern im 4. Jh. n. Chr. entwickeltes, oberschlächtiges Wasserrad.*

gietransfer fand noch ein weiterer zwischen dem stetig aufblühenden arabischen Raum und Europa statt. Dieser bewirkte jedoch vermehrt eine Etablierung der Windkraft in südwesteuropäischen Gefilden.

Dass die frühmittelalterliche Nutzung der Wasserkraft auch etwas seltsame Blüten treiben konnte, wird uns heute etwa durch die sogenannten schwimmenden Mühlen oder Schiffsmühlen bezeugt. In den Quellen werden diese teils sonderbar anmutenden Konstruktionen erstmals im Zusammenhang mit der Belagerung Roms durch die Goten im Jahre 537 genannt. Der an der Spitze des Gotenheeres stehende byzantinische Feldherr Belisar entwickelte die schwimmenden Anlagen, um über eine ortsunabhängige Kraftquelle verfügen zu können. Zuvor war es ihm bereits in mehreren, teils blutigen Schlachten gelungen, einen Großteil der italischen Halbinsel in seinen Besitz zu bringen und dadurch den vermehrten Anspruch Ostroms auf weströmische Gefilde geltend zu machen. Belisar ließ die Schiffsmühlen an verschiedenen Stellen im Tiber verankern, wo sie ihre Aufgabe als Getreidemühlen zur Herstellung von Nahrungsrohstoffen verrichteten. Dem Betrieb der römischen Getreidemühlen setzte der listige Feldherr ein jähes Ende, indem er deren Wasserzufuhr über die von allen Seiten in die Stadt laufenden Aquädukte unterbrach. Der Erfindergeist des Belisar kam den Quellen zufolge auch noch bei anderer Gelegenheit zum Ausdruck. Zum damaligen Zeitpunkt galt es mit den zur Verfügung stehenden technischen Mitteln als äußerst schwierig, ja nahezu unmöglich, mit Schiffen gegen die Strömung größerer Flüsse zu fahren. Belisar nutzte deshalb jene durch die Schaufelräder generierte Kraft für den Antrieb einer Seilwinde, die das Schiff flussaufwärts zog (Abb. 18).[32]

Im Hochmittelalter erfreuten sich schwimmende Mühlen zunehmender Verbreitung und Beliebtheit. Die Konstruktionen waren im gesamten mitteleuropäischen Raum verbreitet und fanden selbst im Orient ihre Verwendung. So berichtete beispielsweise der arabische Geograf Ibn Hauqal im 10. Jh., dass man auf dem legendenumwobenen Fluss Tigris in der Nähe von Mosul Schiffsmühlen betrieb, welche bereits aus Holz und Eisen konstruiert waren und unter Zuhilfenahme von Eisenketten an ihrer Position gehalten wurden. Man muss hier freilich hinzufügen, dass der mesopotamische Strom je nach Jahreszeit mehr oder weniger Wasser mit sich führt und dadurch die Möglichkeit der Verlagerung der Getreidemühlen den Betreibern zu einem entscheidenden Vorteil gereichen kann. Der Gebrauch schwimmender Mühlen ist auch für das Paris des 12. Jh. dokumentiert, als man et-

Abb. 18: *Modell einer auf das 6. Jh. zurückgehenden Schiffsmühle.*

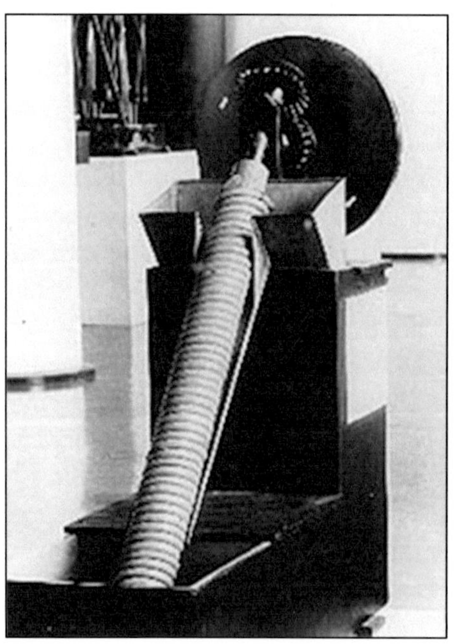

Abb. 19: *Modell einer da Vinci-Spirale aus dem 15. Jh.*

Abb. 20: *Neuzeitliche Wassermühle in Franken mit eigenem Zubringerkanal zur Steigerung der Effizienz.*

wa unter dem Brückenbogen der Grande Pont drei derartige Anlagen zum Zerkleinern von Korn installierte.[33]

Wie sich wohl unschwer vermuten lässt, ging das Phänomen der Wasserkraft auch nicht an einem der größten Erfinder aller Zeiten, Leonardo da Vinci, sang- und klanglos vorüber, sondern inspirierte diesen zu allerlei Ideen. Eine davon, welche letztendlich auch in die Tat umgesetzt werden konnte, ist eine Weiterentwicklung der „Archimedischen Schraube" aus dem dritten vorchristlichen Jahrhundert. Diese so genannte da Vinci-Spirale bediente sich im Gegensatz zu ihrem antiken Vorbild keiner starren inneren Schraube, sondern eines Langen, um die schrägliegende Achse gewundenen Schlauches, durch den das Wasser auf höhere Niveaus transportiert wurde. Ein wesentlicher Vorteil dieser Neuerung lag darin, dass die Konstruktion nun insgesamt über eine bessere Dichtigkeit verfügte und dadurch eine signifikante Steigerung der Transporteffizienz eintrat. Über die praktische Nutzung der da Vinci-Spirale ist leider so gut wie gar nichts bekannt, weshalb ihre Verbreitung, sofern es überhaupt eine gab, äußerst eingeschränkt gewesen sein dürfte (Abb. 19).[34]

Im arabischen Raum war man ob der vielerorts herrschenden Wasserknappheit vor allem bestrebt, mittels leistungsfähiger Pumpen das in Flüssen oder Quellen gebotene Wasser zu den Feldern und Dörfern zu leiten. Deshalb kann die mittelalterliche Pumpenentwicklung hauptsächlich als arabische Leistung angesehen werden, welche den Bau verschiedener, aus mehreren Kolben bestehenden Anlagen zur Folge hatte. Die Baupläne und Dokumentationen dieser großteils sehr eindrucksvollen Erfindungen sind in einem Buch über pneumatische Vorrichtungen des Ingenieurs Taqiyaddin Muhammad bin Ma'ruf aus dem Jahre 1553 zusammengefasst.[35]

In der Neuzeit war es aufgrund steigender Bevölkerungszahlen und eines damit verbundenen Anwachsens von Grundbedürfnissen notwendig geworden, immer leistungsfähigere, auf Basis der Wasserkraft funktionierende Maschinen zu konstruieren. Der signifikante Aufschwung des Erzbergbaus erforderte die Entwicklung geeigneter Anlagen, welche die menschliche Arbeitskraft so gut wie möglich unterstützten. Im 16. Jh. etwa gelang den Ausführungen des deutschen Mineralogen Georg Agricola (1494-1555) in seinem berühmten Werk De re metallica zufolge der Bau einer wasserbetriebenen Anlage zur Grubenbelüftung. Diese sollte freilich nicht nur dazu dienen, die in den Tiefen des Berges arbeitenden Männer mit Frischluft zu versorgen, sondern auch etwaiges, in die Stollen eindringendes Grubengas abzuführen. Dessen Gefährlichkeit wird uns bis zum heutigen Tage durch immer wiederkehrende unterirdische Explosionen und damit verbundene Unglücke vor Augen geführt.[36]

2.2 Wasserkraft im Industriezeitalter

2.2.1 18. bis 20. Jahrhundert

Die Wasserschöpfräder, welche bereits in frühester Zeit ihre Anwendung gefunden hatten, wurden in der Frühen Neuzeit in industriellem Maßstab gefertigt und zur Bewässerung niederschlagsarmer Regionen eingesetzt. Als ein Zentrum einer derartigen Intensivierung der Wassernutzung galt unter anderem die fränkische Region, welche im Vergleich zu Altbayern über zum Teil drastisch reduzierte Jahresniederschlagsmengen verfügt. Entlang der Rednitz beziehungsweise Regnitz entstanden bis zum 19. Jh. viele hundert Wassermühlen und Schöpfräder, mit deren Hilfe man das kostbare Nass über die Felder zu verteilen in der Lage war (Abb. 20).[37]

Im 18. Jh. erfuhr das Wasserrad eine bedeutungsvolle Verbesserung, wurde doch die bis dahin fast vollständig in Holz gehaltene Konstruktion durch ihr gusseisernes Ebenbild ersetzt. Zu verdanken haben wir diesen für die industrielle Revolution entscheidenden Schritt dem englischen Bauingenieur John Smeaton, der im Jahre 1767 den metallenen Baustoff für besagtes Vorhaben nutzte und damit eine höhere Belastbarkeit und Leistung entsprechender neu gestalteter Mühlenanlagen herbeiführte. Die Produktionssteigerung in vielerlei Sektoren bewirkte ein kontinuierliches Aufblühen der Wirtschaft und räumte der Wasserkraft bis zum 19. Jh. eine überragende Stellung als Antriebsquelle ein.[38]

Ein entscheidender Schritt zur Nutzung der Wasserkraft für die Elektrizitätserzeugung war ohne Zweifel die Entwicklung der Turbine im frühen 19. Jh. Der Terminus „Turbine" leitet sich vom lateinischen Substantiv „turbo" (= kreisende Bewegung, Wirbel) her und wurde vermutlich im Jahre 1826 im Zusammenhang mit einem öffentlichen Wettbewerb der Societé d'Encouragement pour l'Industrie Nationale geprägt. Dieser Wettbewerb, der zur Ankurbelung der industriellen Revolution in der Grande Nation dienen sollte, sah einen Geldpreis von für die damalige Zeit beträchtlichen 6000 Francs für die Konstruktion eines modernen Wasserrades vor. Die hauptsächliche Anforderung an die neuartige Konstruktion bestand darin, im industriellen Maßstab eingesetzt werden zu können und ohne Leistungsverlust unter Wasser zu arbeiten. Den Sieg in diesem Innovationswettbewerb trug der Entwurf des gerade einmal 24-jährigen Benoît Fourneyron (1802-1867) davon, dessen Konstruktion aus zwei konzentrischen Rädern bestand und einen theoretischen Wirkungsgrad von mehr als 80% erzielte. Das innere Rad der Fourneyronturbine war nicht drehbar und verfügte über gekrümmte Leitschaufeln, welche das Wasser gegen die Laufschaufeln des äußeren, drehbaren Rades, den sogenannten Läufer, leiteten. Die stabile Konstruktion gestattete die Nutzung größerer Wassermengen und höherer Gefälle, weshalb ihr unter anderem in gebirgigeren Regionen eine vermehrte Nutzung beschieden war. So ist es auch nicht weiter verwunderlich, dass die erste Fourneyronturbine im Jahre 1835 im Schwarzwald zum Einsatz gelangte und die für damalige Zeiten beachtliche Leistung von sechs Pferdestärken erbrachte (Abb. 21).[39]

In den folgenden Jahrzehnten wurde die Konstruktion Fourneyrons stetigen Verbesserungen und Verfeinerungen unterzogen. Hier sind zunächst die technischen Ideen von Karl Anton Henschel zu würdigen, der die Fourneyronturbine dahingehend abänderte, dass er die Leitschaufeln oberhalb des Laufrades anordnete. Erstmalige Anwendung fand diese Modifikation im Jahre 1837 in einer Schleiferei in Holzminden. Vier Jahre später wurde eine weitere Turbine dieses Bautyps in einem Braunschweiger Steinbearbeitungsbetrieb installiert, wo sie für den Antrieb der Schneide- und Schleifmaschinen sorgte. Das Grundprinzip der von Henschel konzipierten Turbine besteht darin, dass Wasser axial von oben nach unten strömt und über den sogenannten Leitapparat auf das unten liegende Laufrad gelenkt wird. Dadurch erfolgt eine nahezu optimale Nutzung der im Wasserkörper gespeicherten potenziellen Energie. Die Ableitung des über das Laufrad geflossenen Wassers wird mit einem eigenen Saugrohr gewährleistet. Henschel verzichtete darauf, seine Erfindung beim Patentamt anzumelden, weshalb der Franzose Nicolas J. Jonval im Jahre 1843 einen Nachbau der erfolgreichen Konstruktion anfertigte und diesen seinerseits patentieren ließ. Das hatte zur Folge, dass die Turbine heute nicht mehr unter dem Namen ihres eigentlichen Erfinders läuft, sondern in die Literatur unter der Bezeichnung Jonval-Turbine ihren Eingang gefunden hat.[40]

In der zweiten Hälfte des 19. Jh. gab es freilich noch eine Vielzahl neuer Turbinenentwürfe, von denen sich jedoch nur einige wenige durchzusetzen vermochten und in größerer Stückzahl produziert wurden. Beispielhaft seien hier die Konstruktionen von Friedrich Wilhelm Schwamkrug, L. Domini-

39

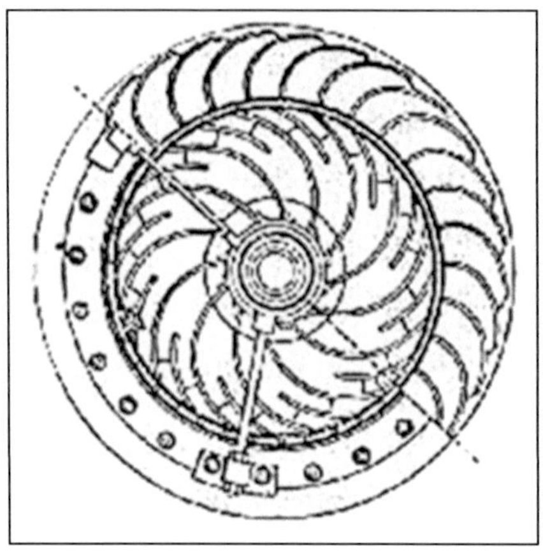

Abb. 21: *Planskizze der in Jahre 1826 entwickelten Fourneyronturbine.*

Abb. 22: *Turbinentypus nach Plänen von James B. Francis.*

Abb. 23: *Von Viktor Kaplan entwickelter Turbinentypus mit senkrechter Achse und propellerförmigem Laufrad.*

Abb. 24: *Fotografie einer Peltonturbine.*

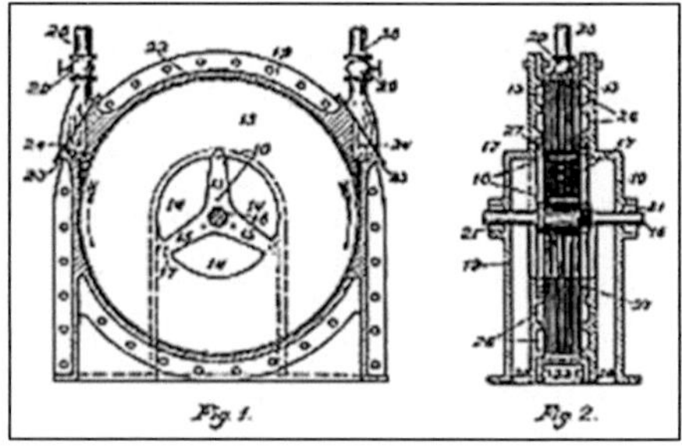

Abb. 25: *Bauplan einer Teslaturbine.*

que Girard oder J. W. Stawitz genannt. Bei allen drei Entwürfen handelte es sich um sogenannte Gleichdruckturbinen, die für besonders starke Gefälle beziehungsweise Fallhöhen des zulaufenden Wassers konzipiert worden waren. Mit Ausnahme der Girard'schen Turbine wurden die Konstruktionen lediglich an einem einzelnen Teststandort installiert.[41]

Wesentlich erfolgreicher gestaltete sich die im Jahre 1849 vorgestellte Konstruktion des Briten James B. Francis (1815-1892). Die nach ihm benannte Turbine brachte insofern eine signifikante Neuerung, als sie nicht mehr über feste, sondern über verstellbare Leitschaufeln verfügte. Zudem besaßen die Laufschaufeln eine den Wirkungsgrad der Anlage steigernde Krümmung. Die Francisturbine besitzt den Vorteil, dass sie für ihren Betrieb mit relativ geringen Wassermengen auskommt, welche ihr jedoch unter hohem Druck zugeführt werden müssen. Dies hat bei modernen Turbinen des Bautyps nicht selten einen extremen Druckabfall des Wassers nach dem Ausströmen aus der Anlage und die Bildung regelrechter Dampfblasen zur Folge (Abb. 22).[42]

Im Jahre 1910 entwickelte der Österreicher Viktor Kaplan (1876-1934) in Brünn einen Turbinentypus, welcher sich durch eine senkrechte Achse mit propellerartigem Laufrad und ebenfalls verstellbaren Laufschaufeln auszeichnete. Er ließ seinen Entwurf in den Jahren 1912 und 1913 patentieren, woraufhin die Konstruktion in zahlreichen industriellen Sektoren zum Einsatz gelangte. Erstmalige Anwendung fand die Kaplanturbine im Jahre 1919 in einer Textilfabrik im tirolischen Velm, wo sie bei einer Fallhöhe des Wassers von lediglich 2,3 m eine Leistung von knapp 26 Pferdestärken erbrachte. Die rasche Rotation des Laufrades, welche zur Erbringung genannter Leistung erforderlich war, barg einen nicht zu unterschätzenden Nachteil in sich: An der Saugseite der Laufschaufeln entstand ein so hoher Unterdruck, dass sich dort ähnlich wie bei der Francisturbine Dampfblasen bildeten, die zu einer sukzessiven Korrosion des Materials führten. Kaplan, der dieses als Kavitation bezeichnete Phänomen erstmals beschrieb, war sich dessen destruktiver Folgen nach einem längeren Beobachtungszeitraum in vollem Maße bewusst geworden und entwickelte daraufhin Maßnahmen zur Linderung des störenden Effekts. Im Gegensatz zur Francisturbine wird bei der Kaplanturbine der optimale Wirkungsgrad für geringe Gefälle des Zubringers und hohe Wassermengen erzielt, weshalb der Bautypus auch in Laufkraftwerken eine übergeordnete Verwendung genießt (Abb. 23).[43]

41

Neben der Francisturbine aus der Mitte des 19. Jh. und der zu Beginn des 20. Jh. entwickelten Kaplanturbine vermochte sich noch ein dritter Konstruktionstypus in der aufblühenden Elektrizitätsindustrie durchzusetzen, nämlich jener auf den Bergbauingenieur Lester A. Pelton zurückgehende Entwurf. Die Peltonturbine besitzt gegenüber ihren Konkurrenten den Vorteil eines vielfältigen Einsatzbereiches, funktioniert sie doch für Gefälle des Zubringers, welche von 200 m bis 2000 m reichen. Die Besonderheit des Entwurfes liegt in seinen becherförmigen Schaufeln, die paarweise zum Peltonrad angeordnet sind. Die Entstehung dieser etwas extravagant anmutenden Schaufelform darf als Zufall bezeichnet werden, traf doch ein für das Goldwaschen verwendeter Hochdruck-Wasserstrahl auf eine in der Nähe platzierte Schaufel und versetzte diese in rasche Rotation. Der Peltonturbine wurde eine besondere technisch-historische Ehre zuteil, galt sie doch als jenes der drei modernen Wasserräder, welches erstmals mit einem kurz zuvor entwickelten Generator verkoppelt wurde. Geschehen war dies im Jahre 1882, als amerikanische Ingenieure in einem Stauwerk im Bundesstaat Wisconsin zur Elektrizitätserzeugung mittels Wasserkraft schritten (Abb. 24).[44]

Dass eine Turbine nicht zwangsläufig über ein Schaufelrad verfügen muss, konnte der Physiker Nikola Tesla, Erfinder des Wechselstromgenerators, anhand einer aufsehenerregenden Konstruktion nachweisen. Zwischen 1900 und 1906 schuf er einen Entwurf, den er erst im Jahre 1921 zum Patent anmeldete und der hauptsächlich aus mehreren runden Scheiben bestand, die in Lagen übereinander gepackt und im Zentrum über eine gemeinsame Achse verbunden waren. Zwischen den Scheiben befanden sich Hohlräume, die mittels achsnahen Löchern in den Scheiben miteinander kommunizierten. Die Funktion der Teslaturbine hat man sich nun so vorzustellen, dass das Wasser mit Hilfe einer Hochdruckdüse tangential zwischen die Scheiben gedrückt wird, die Zwischenräume der Scheiben in mehreren Umdrehungen durchwandert und durch die Entstehung von Oberflächenwirbeln eine entsprechende Rotation herbeiführt. Der Austritt des Mediums erfolgt über spezielle Fenster im inneren Bereich der Scheiben. Wie sich unschwer nachvollziehen lässt, beruht der Betrieb der Teslaturbine auf den physikalischen Phänomenen der Adhäsion und Kohäsion. Tesla verneinte in seiner theoretischen Abhandlung zur Turbine jedoch mit aller ihm gebotenen Vehemenz, dass die Bewegung der Scheiben irgendetwas mit Reibung zu tun hätte. Diese zum damaligen Zeitpunkt geäußerte und von vielen Seiten angezweifelte Theorie scheint heute ihre Bestätigung zu finden, da man die Wirkung der Turbine anhand des so genannten Coandă-Effekts zu erklären versucht. Diesem Phänomen liegt eine seltsame Erscheinung zugrunde, wonach ein Gas- oder Flüssigkeitsstrom entlang der Krümmung einer konvexen Oberfläche verläuft und nicht, wie intuitiv angenommen, die ursprüngliche Fließrichtung beibehält (Abb. 25).[45]

Die Teslaturbine hat bis zum heutigen Tage nichts von ihrer Faszination verloren. Dies zeigt sich etwa durch den Umstand, dass die US-amerikanische Firma Tesla Engine Builders Association (TEBA) mit Sitz in Milwaukee bis vor kurzen eine entsprechende Konstruktion mit drei Platten und 7200 Umdrehungen pro Minute für Forschungszwecke in ihrem Angebot hatte. Auch in Deutschland besteht ein teils intensives Bestreben danach, die Teslaturbine weiter zu entwickeln, weil die bereits erwähnte Kavitation bei dieser Bauart weitestgehend ausgeschaltet werden kann. Nun gilt es aber als bekannte Tatsache, dass sich dieser Turbinentypus und die mit ihm verbundene Technik in den vergangenen 100 Jahren nicht durchsetzen konnten. Dies liegt unter anderem daran, dass sich der theoretisch beschriebene Wirkungsgrad in der Praxis nicht einmal annähernd erreichen lässt. Zukünftiges Potenzial der Technik liegt vermehrt in deren Betrieb mit Wasserdampf, was nach einigen Verbesserungen möglich erscheint und zu deren Einsatz bei der Energierückgewinnung in der Industrie führen könnte.[46]

Neben den historisch bedeutsamen Turbinentypen, welche in den vorangegangenen Zeilen ihre Erwähnung fanden, wurden im 20. Jh. noch zahlreiche weitere Modelle entwickelt, die auf speziellen Gebieten der Hydroelektrizitätsindustrie zum Einsatz kamen. In diesem Zusammenhang nur kurz erwähnt werden sollen beispielsweise die Außenkranz-Generatorturbine von Leroy Harza sowie die Durchströmturbine, welche sich besonders gut für Kleinwasserkraftwerke eignet und etwa anhand der Kugelnabenturbine oder Ossberger-Turbine ihre Realisierung fand.

Die neueste Turbinengeneration verfolgt hauptsächlich das Ziel, aus der Konstruktion resultierende Reibungseffekte so weit wie möglich zu minimieren, um den Wirkungsgrad an sein Maximum heranzuführen. Ein diesbezüglich recht viel versprechendes Konzept ist jenes der magnetisch gelagerten Turbine, mit welcher seit dem Jahre 2008 umfangreiche Tests durchgeführt werden. Als besonderer Interessent dieser hoch innovativen Technologie erweisen sich dabei überraschenderweise die USA, die magnetisch gelagerte Turbinen vor allem entlang des Mississippi zu installieren gedenken und somit dem stetig wachsenden Stromaufkommen des mittleren Westens Rechnung tragen wollen. Die dieser Zukunftsvision zugrunde liegenden Experimente finden derzeit noch in den Strömungskanälen der Alden Laboratories in Holden, Massachusetts statt.[47]

Ein spezieller Bautypus des Magnetfeld-Wasserrades ist die sogenannte Free-Flow-Turbine, welche zusammen mit ihrem Permanentmagnetgenerator in einem eigenen magnetischen Feld schwebt und damit auf jegliche reibungsanfällige Achskonstruktionen verzichtet. Dies hat den Verzicht von Schmierstoffen zur Folge und führt indirekt betrachtet auch zu einer Entlastung der Umwelt.[48]

Die Verwendung der Turbinentechnologie zur Elektrizitätserzeugung bedurfte eines Apparates, der die Bewegungsenergie des Schaufelrades in elektrische Energie umwandeln konnte. Dieses physikalisch und wirtschaftlich so bedeutungsvolle Gerät, welches uns heute unter dem Begriff „elektrischer Generator" hinlänglich bekannt ist, wurde in brauchbarer Form erstmals im Jahre 1866 von Werner von Siemens, der das dynamoelektrische Prinzip entdeckt hatte, konstruiert. Der Generator galt freilich als Quantensprung schlechthin in der Technikgeschichte, konnte man doch ab nun alle möglichen Bewegungsformen zur Gewinnung von Elektrizität nutzen.[49]

Für die frühe Erzeugung von Hydroelektrizität wurden zunächst fließende Gewässer genutzt, weshalb Laufwasserkraftwerke den Anfang in der mittlerweile schon recht fortgeschrittenen Geschichte hydroelektrischer Anlagen machten. Das erste Kraftwerk entstand jedoch nach der famosen Erfindung des Generators nicht etwa in Europa, sondern in den USA, wo die entsprechende Anlage von der Grand Rapids Electric Light and Power Corporation am 22. 3. 1880 fertiggestellt und in Betrieb genommen werden konnte.[50] Die Hauptaufgabe des Kraftwerks bestand darin, ein einzelnes Theater und die Schaufenster verschiedener Geschäfte mit Licht zu versorgen. Noch im gleichen Jahr wurde auch im englischen Northumberland ein Wasserkraftwerk errichtet und an das damals noch sehr spärliche Stromnetz angeschlossen. Die erste auf ökonomischen Ertrag ausgerichtete hydroelektrische Anlage wurde am 30 9. 1882 am Fox River in Appleton, Wisconsin eröffnet.[51] Die Inspiration zur Errichtung dieses Werks erfolgte durch niemand geringeren als Thomas Alfa Edison, der Zeit seines Lebens als vehementer Verfechter des Gleichstromkonzepts galt. Die Anlage verfüg-

Abb. 26: *Kraftwerksanalage an den Niagara-Fällen (Gründung: 1896).*

Abb. 27: *Überreste des Marib-Staudammes (Jemen) aus dem 3. Jtsd. v. Chr.*

Abb. 28: *Assuan-Staudamm (Erbauung zwischen 1960 und 1970).*

te über eine Wasserturbine mit einem Durchmesser von 107 cm und vermochte eine durchaus bemerkenswerte Leistung von 25 Kilowatt zu erbringen.

Der rasante Anstieg des Strombedarfs in größeren Siedlungen und Städten erforderte sehr bald den Bau leistungsfähigerer Kraftwerksanlagen und in Verbindung damit eine stetige Weiterentwicklung technischer Standards. So dauerte es noch immerhin bis zum Jahre 1896, als an den Niagarafällen in den USA das erste Großkraftwerk der Welt seine Eröffnung erfuhr. Die Anlage, welche heute in modernisierter Form in Betrieb steht, vermochte die für damalige Verhältnisse unglaubliche Leistung von 75 Megawatt zu erbringen (heutige Leistung: 4,4 Gigawatt). Mit der Errichtung dieses Bauwerks wurde eine technische Schwelle überschritten, welche es schließlich ermöglichte, immer größere Anlagen, die ganze Großstädte mit Strom versorgen konnten, in die Welt zu setzen (Abb. 26).[52]

Eine ähnliche Entwicklung wie jene für die Vereinigten Staaten geschilderte ereignete sich auch in den Industrieländern Europas. In Deutschland etwa entstand sehr rasch ein relativ dichtes Netz aus kleineren bis mittelgroßen Kraftwerksanlagen mit weniger als 1 Megawatt Leistung, die nahegelegenen Wirtschaftsbetrieben als Stromlieferanten dienten und vereinzelt auch Haushalte mit Elektrizität versorgten. Die Kleinkraftwerksstruktur Deutschlands lässt sich anhand einer statistischen Zahl recht eindrucksvoll belegen: Um 1900 waren dort noch ungefähr 70000 derartige Wasserkraftwerke in Betrieb, hundert Jahre später nur mehr etwa 7000.[53] Es darf hier bei aller Befürwortung der Wasserkraft nicht unerwähnt bleiben, dass eine Vielzahl von Laufkraftwerken – egal, ob groß oder klein – störenden Einfluss auf die Ökologie von Fließgewässern ausüben kann, vor allem dann, wenn mit deren Installation die Errichtung von Staustufen einhergeht. Letztere führen zu einer signifikanten Beeinträchtigung des Fließcharakters und in Verbindung damit zu einer Veränderung der Gewässergüte, Fauna und Flora.

Die Nutzung der Hydroelektrizität mittels Laufkraftwerken tritt heute gegenüber jener mit Hilfe von sogenannten Staukraftwerken deutlich in den Hintergrund. Die Errichtung teils riesiger Staudämme – auf einige dieser Ungetüme soll in weiterer Folge noch eingegangen werden – verfolgt das einfache Ziel, möglichst große Gefälle zu erzeugen, über welche das Wasser mit hoher kinetischer Energie zu den Turbinen und Generatoren geleitet wird. Das aufgestaute Wasser verfügt neben seiner energieerzeugenden Eigenschaft vielerorts noch über eine andere sehr bedeutende Qualität: Es stellt nämlich eine der Bevölkerung und Landwirtschaft dienliche Ressource für den Fall von Wasserknappheit dar.

Die Geschichte des Staukraftwerks ist nahezu so alt wie jene des Laufkraftwerks. Der erste hydroelektrisch genutzte Damm entstand nämlich im Jahre 1894 am Willamette River bei Oregon City, Oregon.[54] Man sieht also, dass auch bei dieser Form der Energiegewinnung aus Wasserkraft den Vereinigten Staaten eine Pionierrolle zuteilwurde und die Industriestaaten Mitteleuropas lediglich die zweite Geige spielten. In den folgenden 100 Jahren trat freilich eine rasante Verbreitung der Staukraftwerke über den gesamten Globus ein, wobei sich im Jahre 1997 von den 36000 weltweit gezählten Staudämmen alleine etwa 18000 in der Volksrepublik China befanden.[55]

Wenn auch die USA als Mutterland des Staukraftwerks gelten, so befand sich der älteste Staudamm vermutlich im heutigen Jemen, wo man bereits im dritten vorchristlichen Jahrtausend den Versuch unternahm, Wasser auf derartige Weise für allerlei agrikulturelle Aktivitäten zu speichern. Der so genannte Ma'rib-Staudamm, dessen Überreste noch heute bestaunt werden können, erlebte Zeit seines Bestehens mehrere Zusammenbrüche und Neuaufbauten, welche archäologischen Befunden zufolge mit Völkerwanderungen, heftigen Kämpfen und kulturellen Neuordnungen Hand in Hand gingen (Abb. 27).[56]

Die mächtigen Flusssysteme auf dem Schwarzen Kontinent ließen britische Ingenieure gegen Ende des 19. Jh. zu allerlei Großprojekten hinreißen, welche bis zum heutigen Tage das Landschaftsbild prägen. Hier ist vor allem der berühmte Assuan-Staudamm zu erwähnen, dessen Errichtung zwischen 1892 und 1902 unter der Leitung von Sir William Willcocks erfolgte.[57] Die ursprüngliche Funktion des ungefähr 6 km südlich von Assuan hochgezogenen Dammes bestand darin, die zeitweise unbändigen Wassermassen des Nils in den Griff zu bekommen und damit eine künstliche Regulierung der Wasserzufuhr nach Norden herbei zu führen. In den 1960er Jahren wurde der zum damaligen Zeitpunkt bereits veraltete Damm durch einen neuen, wesentlich größeren ersetzt, dessen Errichtung vom damaligen Staatspräsidenten Gamal Abdel Nasser zum Prestigeprojekt auserkoren worden war. Demzufolge wurde weder an Kosten noch an Arbeitskräften gespart, so dass letztendlich eine 3600 m lange und 111 m hohe Staumauer aus dem Projekt resultierte. Das Auffüllen des Assuan-Stausees dauerte geschlagene zwölf Jahre und verleiht einen Eindruck über die Mächtigkeit des Bauwerks. So sehr der Assuan-Staudamm Ägypten auch zu einem wirtschaftlichen Aufschwung verhalf, so deutlich wurden anhand dieses Projektes die Nachteile überdimensional großer Staudämme und Stauseen vor Augen geführt. Es wäre leicht möglich, eine eigene Monografie über jene mit dem riesigen Bauwerk einhergehenden ökologischen Nachteile zu verfassen. Die wohl schlimmste Folge seiner Errichtung war, dass die den Bauern des unteren Niltals als Dünger dienende, mineralische Schwebfracht des Flusses sukzessive am Staudamm ausgefiltert wurde. Das klare Nilwasser hinter dem Damm führte weder jene für den Menschen notwendigen Rohstoffe mit sich, noch verfügte es über entsprechende Nährstoffe für die weiter Nilabwärts lebende Pflanzen- und Tierwelt. Die dem Staudamm zu verdankende Regulierung der jährlichen Nilüberschwemmungen, die bereits den Bauern des alten, von Pharaonen regierten Ägypten wohl bekannt gewesen waren, gestattete es zahlreichen Schädlingen, darunter vor allem Ratten, sich explosionsartig zu vermehren – nicht umsonst gilt *Kairo* heute als jene Metropole mit der weltweit größten Rattenpopulation. Die drastische Verringerung jenes Wasservolumens, welches Jahr für Jahr am Nildelta ins Mittelmeer fließt, führte zu einer kontinuierlichen Versalzung des mündungsnahen Bereiches, was wiederum dessen landwirtschaftliche Unbrauchbarkeit und als Konsequenz dessen die Abwanderung vieler dort ansässiger Bauern zur Folge hatte. Zuletzt sei in dieser kurzen Rundschau noch auf die sukzessive Verschlammung des *Assuan*-Stausees selbst hingewiesen, die regelmäßige Sanierungsmaßnahmen in Form von Schlammaushüben mittels Schwimmbaggern notwendig macht (Abb. 28).[58]

2.2.2 Die Rolle der Wasserkraft in der Gegenwart

Ein weiteres, in seinen Ausmaßen noch gigantischeres Prestigeprojekt wurde in den frühen 1990er Jahren in der Volksrepublik China in Angriff genommen. Es handelt sich hierbei um den Drei-Schluchten-Damm, anhand dessen der Jangtsekiang über eine Länge von 663 km aufgestaut werden soll. Die im Jahre 2006 fertiggestellte Staumauer besitzt eine Höhe von 185 m, eine Länge von 2309 m und beinhaltet 26 Riesenturbinen mitsamt ihren Generatoren, welche im Stande sind, eine Gesamtleistung von 18,2 Gigawatt zu erbringen. Nach der vollständigen Auffüllung des Stausees wird der Wasserspiegel des Jangtsekiang auf 175 m angestiegen sein, was bis dahin zu einer Umsiedlung von mehr als 1 Million Menschen geführt haben wird.[59]
Als ob man aus den Folgen der Errichtung des Assuan-Staudammes nichts gelernt hatte (oder lernen wollte), ging auch die Erbauung des Drei-

Schluchten-Staudammes Hand in Hand mit einer ökologischen Katastrophe, über deren Ausmaße man sich noch gar nicht recht im Klaren ist. Fest steht, dass die gewaltige Aufstauung des Jangtsekiang zu sukzessiven Veränderungen des Mesoklimas führen wird, das heißt, jene oberhalb des Staudammes befindlichen Flussregionen werden in Zukunft höhere Niederschlagsmengen verzeichnen, während sich in den Regionen unterhalb des Dammes die Niederschlagsmengen verringern werden. Starke, weiter flussaufwärts generierte Niederschläge verursachen wiederum stark erhöhte Erosionsraten und einen damit einhergehenden, verstärkten Sedimenttransport des Flusses. Dieses Phänomen führt letztendlich zu einer rascheren Verschlammung des Stausees, welcher nur mittels aufwendiger Sanierungsmaßnahmen Einhalt geboten werden kann. Geologischen Schätzungen zufolge fallen alljährlich infolge der hohen erosiven Aktivität 680 Millionen Tonnen Schlamm und Geröll an, die bereits nach wenigen Betriebsjahren zu einer signifikanten Einschränkung der Stromproduktion führen könnten. Mittlerweile hat es sich die kommunistische Führung Chinas auf ihre Fahnen geschrieben, eine möglichst rasche Lösung der ökologischen Probleme herbeiführen zu wollen, nachdem man sich viele Jahre lang gegenüber ausländischer und auch inländischer Kritik bewusst taub gestellt hatte (Abb. 29).[60]

Als letztes, im Rahmen dieses kurzen historischen Überblicks erwähnenswertes Prestigeprojekt kolossalen Ausmaßes sei der am Rio Paranà zwischen Brasilien und Paraguay gelegene hydroelektrische Anlagenkomplex Itaipu Binacional genannt, der bereits zwischen 1975 und 1982 entstand. Brasilien verfügte zu diesem Zeitpunkt schon über eine bemerkenswerte Tradition hinsichtlich der Nutzung von Wasserkraft, war doch das erste kleine hydroelektrische Werk im Jahre 1883 entstanden und die Errichtung des ersten Staudammes im Jahre 1912 erfolgt. Der innerhalb recht kurzer Zeit errichtete Damm besitzt eine Länge von 7760 m und eine Höhe von 196 m. Die 18 in Betrieb stehenden Turbinen erreichten im Jahre 2004 eine Nennleistung von 12,2 Gigawatt, welche ein Jahr später durch den Einbau zweier weiterer Turbinen auf 14 Gigawatt gesteigert werden konnte.[61]

Das Engagement Brasiliens hinsichtlich der Nutzung erneuerbarer Energien darf einerseits als fortschrittlich bezeichnet werden, führt aber andererseits dazu, dass immer größerer Bereiche der Naturlandschaft dem Wasser zum Opfer fallen. Der ständig steigende Strombedarf des Landes soll in Zukunft durch mehrere, im Amazonasgebiet geplante Staukraftwerke gedeckt werden – ein Bauvorhaben freilich, welches im In- und Ausland auf teils heftige Kritik stößt. Eines dieser Kraftwerksprojekte soll am Fluss Xingu im Bundesstaat Para zur Realisierung gelangen und nach seiner Fertigstellung eine Leistung von 11 Gigawatt erzielen, womit es sich unter die größten hydroelektrischen Anlagen weltweit einreihen würde. Mittlerweile jedoch ist der Widerstand gegen das Bauvorhaben, an dessen vorderster Front der aus Österreich stammende Bischof Erwin Kräutler steht, so groß geworden, dass man von Seiten der Regierung eine vorübergehende Einstellung der Bauarbeiten verfügt hat. Die Realisierung des Staudammes würde nach Meinung der Gegner nicht nur eine riesige Umweltkatastrophe nach sich ziehen, sondern die dort ansässigen, indigenen Völker auch dazu zwingen, ihre Heimat aufzugeben. Bei Umweltorganisationen werden viele hydro-elektrische Großprojekte mit teils heftiger Kritik bedacht, die auch dazu geführt hat, dass alljährlich der 14. März zum Internationalen Aktionstag gegen Staudämme auserkoren wurde (Abb. 30).[62]

Der Blick in die Zukunft verheißt im Bereich der Hydroelektrizität nichts Gutes. Sobald nämlich die Fließgewässer weltweit als energieliefernde Ressource vollständig ausgebeutet worden sind, wird man vermehrt daran gehen, so genannte Meerwasser-Stauwerke zu errichten. Visionen von der-artigen Anlagen, welche ihre an den Flüssen und Strömen der Welt positio-nierten Gegenstücke noch bei Weitem an Größe übertreffen würden, gehen bereits in die 20er Jahre des vorigen Jahrhunderts zurück. Damals ver-öffentlichte der deutsche Architekt Herman Sörgel einen Plan, gemäß dem bei Gibraltar ein riesiges Stauwerk errichtet werden sollte, welches Be-rechnungen zufolge eine Leistung von etwa 50 Gigawatt erbringen könnte. Die Aufstauung des Atlantischen Ozeans hätte mehrerlei Folgewirkungen: So käme es im Mittelmeerraum zu einer Veränderung des Klimas und zu einer Senkung des mediterranen Meeresspiegels von jährlich 1,65 m. Dadurch würde sich die europäische Landmasse nach Süden ausdehnen – das Resultat wäre ein neuer Kontinent, dem man damals die Bezeichnung „Atlantropa" gab (Abb. 31).[63]

Sörgel verstand das von ihm als Panropa-Projekt bezeichnete Vorhaben in erster Linie als eine erste große „Gemeinschaftstat der Vereinigten Staaten von Europa", wodurch es vor allem bei den Nationalsozialisten auf heftigste Ablehnung stieß. Heute wissen wir freilich anhand detaillierter Computer-simulationen, dass eine Verwirklichung des Panropa-Projektes eine Um-weltkatastrophe ungeahnten Ausmaßes hervorgerufen hätte, durch welche der Mensch ähnlich wie bei der gegenwärtigen Klimakatastrophe vor un-überwindbare Probleme gestellt worden wäre.

Abb. 29: *Drei-Schluchten-Staudamm am Jangtsekiang (Fertigstellung: 2006) vom Flugzeug aus fotografiert.*

Abb. 30: *Hydroelektrischer Anlagen-Komplex Itaipu-Binacional (Erbauung: 1975 - 1982).*

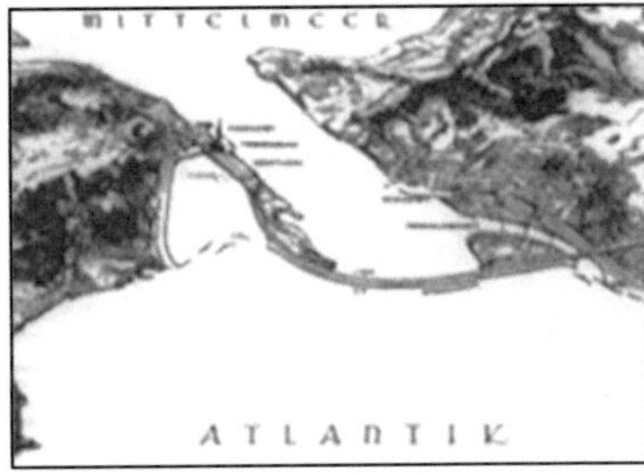

Abb. 31: *Plan des Atlantropa-Dammes bei Gibraltar.*

*Es ist unmöglich, zweimal in denselben Fluss zu sprin-
gen. Auch wenn wir in dieselben Flüsse steigen, fließt
immer anderes Wasser herbei.* (Heraklit)

Kapitel 3

Physikalische Grundlagen der Elektrizitätserzeugung

3.1 Magnetismus und Elektrizität

3.1.1 Der Feldbegriff

Wie bereits im historischen Überblick das eine oder andere Mal angeklungen ist, erfolgt die Stromerzeugung mit Hilfe von Wasserkraft durch die Kopplung der Turbine an einen elektrischen Generator. Diese Apparatur, welche einst Inhalt des Physikunterrichtes war, dient zur Umwandlung von kinetischer in elektrische Energie und funktioniert nach dem Prinzip der so genannten elektromagnetischen Induktion. Bevor das Hauptaugenmerk auf dieses wichtige physikalische Phänomen gelegt wird, sollen in aller gebotenen Kürze der Feldbegriff und der Zusammenhang zwischen Elektrizität auf der einen Seite und Magnetismus auf der anderen erläutert werden.

Die elektromagnetische Induktion wird überhaupt erst dadurch möglich, dass es zur Ausbildung von Magnetfeldern kommt. Der Begriff des „Feldes" geht auf den berühmten Physiker Michael Faraday zurück, der darunter *einen besonderen Zustand des Raumes* verstand, *welcher durch Massen, elektrische Ladungen, Magnete und so weiter hervorgerufen wird. Massen*, so Faraday weiter, *erzeugen in ihrer Umgebung Gravitationsfelder, während von elektrischen Ladungen elektrische Felder und von Magneten Magnetfelder ausgehen.*[64] Wenn sich zwei Felder überlagern, treten zwischen diesen entsprechende Interaktionen auf. Die Überlagerung zweier Gravitationsfelder etwa bewirkt, dass sich die felderzeugenden Massen im Sinne des Gravitationsgesetzes nach Isaac Newton anziehen. Bei elektrischen Feldern wird die Sache ein wenig komplizierter, können doch anziehende und abstoßende Kräfte gemäß dem Coulomb'schen Gesetz in Erscheinung treten. Wir wissen aus unserer Alltagserfahrung, dass sich gleichnamige elektrische Ladungen gegenseitig abstoßen, während ungleichnamige Ladungen durch gegenseitige Anziehung gekennzeichnet sind. Auf Basis der Faraday'schen Feldtheorie lässt sich dieses Phänomen recht einfach erklären: Könnte man elektrische Felder sehen, was nur durch Experimente mit hohen elektrischen Spannungen ermöglicht wird, so würden sie die zentrale Ladung in Form einer Kugel einhüllen. Einzelne Feldlinien würden strahlenförmig um die Ladung herum orientiert sein, wobei die Feldstärke mit zunehmender Entfernung von der Zentralladung abnimmt. In der Physik ist es üblich, den Feldlinien eine Richtung zuzuordnen und sie demgemäß als Vektoren zu beschreiben. Dies wiederum hat zur Folge, dass die Feldvektoren positiver Ladungen nach außen (von der Ladung weg), jene von negativen Ladungen hingegen nach innen (zur Ladung hin) gerichtet sind.

Nun gilt folgender wichtiger Grundsatz: Parallele Feldlinien ziehen einander an, antiparallele stoßen einander ab! Was aber versteht man unter antiparallelen Feldlinien? Dies sind solche Feldlinien, die in einer Ebene verlaufend in keinerlei Winkel zueinander stehen, jedoch gemäß unserer Vektordefinition entgegengesetzt zueinander orientiert sind. In unserem Feldlinienmodell wird die Abstoßung antiparalleler Feldlinien durch deren Krümmung zum Ausdruck gebracht. Die Anziehung paralleler Feldlinien hingegen resultiert in deren Verschmelzung, wodurch unten dargestelltes Feldlinienbild entsteht (Abb. 32).[65]

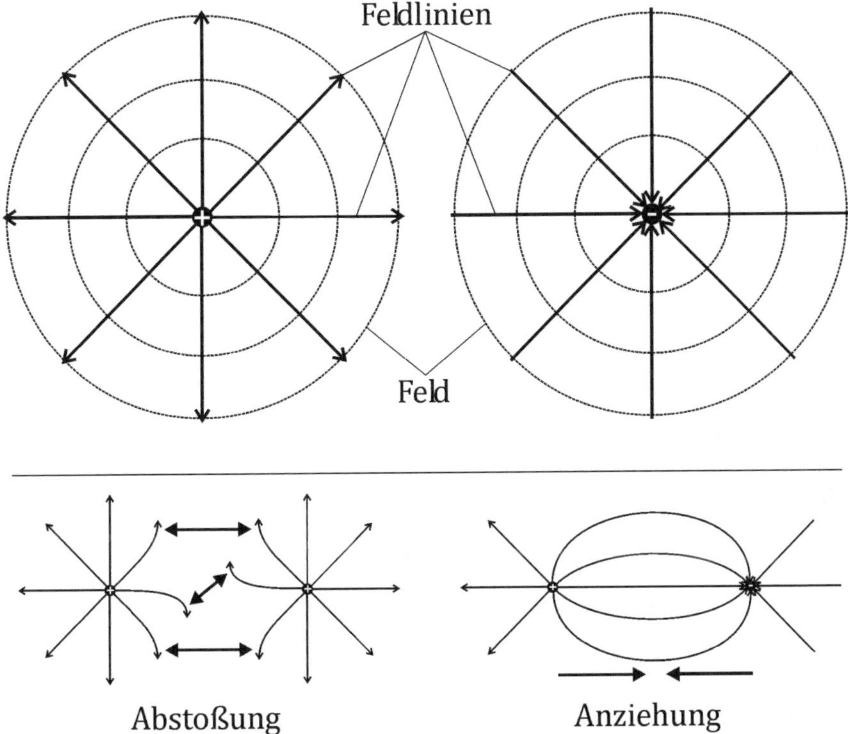

Abb. 32: *Oben – Definition des elektrischen Feldes bei positiven und negativen elektrischen Ladungen; unten – Wechselwirkung zwischen gleichnamigen und ungleichnamigen elektrischen Ladungen.*

Ganz ähnlich wie das elektrische Feld verhält sich auch das Magnetfeld. Wenn man wieder seine Alltagserfahrung bemühen möchte, gelangt man zu der Erkenntnis, dass sich gleichnamige Magnetpole gegenseitig abstoßen, wohingegen ungleichnamige Magnetpole eine gegenseitige Anziehung erfahren. Das Magnetfeld ist im Gegensatz zum elektrischen Feld geschlossen, was nichts anderes bedeutet, als dass einzelne Feldlinien vom magnetischen Nordpol ausgehend am magnetischen Südpol wieder zusammenlaufen. Im Magnetinneren übrigens ist die Richtung der Feldlinien gerade umgekehrt. Nähert man einen Nordpol dem anderen, so treffen magnetische Feldlinien entgegengesetzter Orientierung aufeinander, was obiger Definition zufolge zur Abstoßung der Pole führen muss. Werden hingegen Nordpol und Südpol einander zugeführt, so kommt es zur Überlagerung von magnetischen Feldlinien gleicher Orientierung und daraus resultierender Anziehung (Abb. 33).

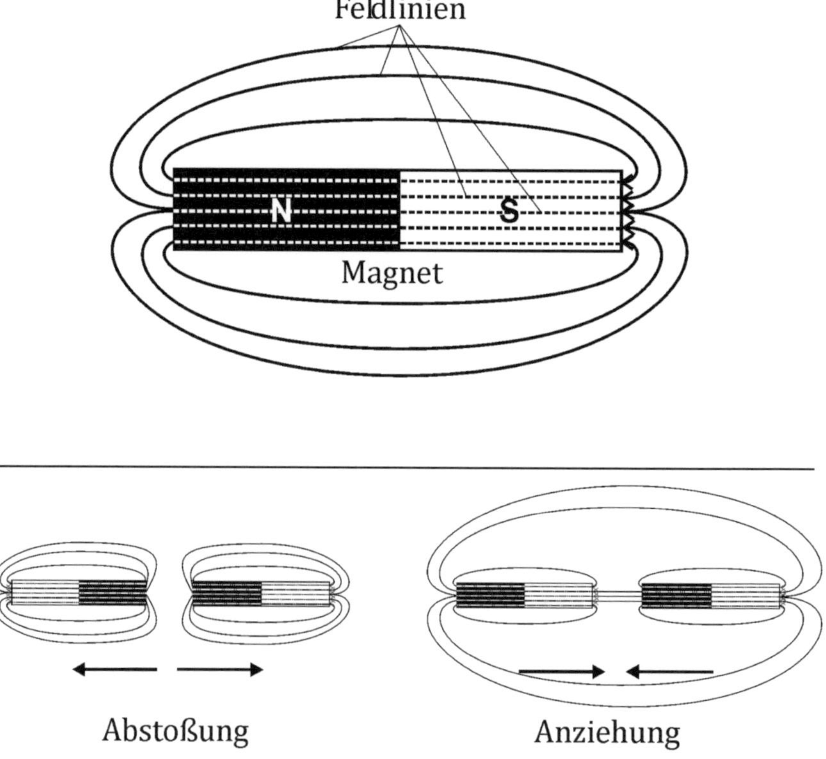

Abb. 33: *Oben – Definition der Feldlinien eines Magneten mit Nord- und Südpol; unten – Wechselwirkung von Magnetfeldern bei Annäherung gleichnamiger und ungleichnamiger Pole.*

3.1.2 Das Oersted-Experiment

Im elektrischen Generator liegt ein permanentes Magnetfeld vor, dessen Wechselwirkung mit einer rotierenden Leiterschleife zur Stromerzeugung im Schleifendraht führt. Wie aber lässt sich dies mit den bisherigen Ausführungen in Einklang bringen? Hier ist es notwendig, zunächst auf jenes von Hans-Christian Oersted im Jahre 1820 durchgeführte Experiment einzugehen, welches erstmals den Zusammenhang zwischen elektrischem Strom und Magnetismus aufzeigen konnte. Wie bei vielen anderen historisch bedeutsamen Versuchen spielte auch hier zunächst der Zufall eine entscheidende Rolle: Oersted hatte zufällig eine Kompassnadel in der Nähe eines elektrischen Leiters platziert. Als er den Leiter unter Strom setzte, konnte er ein Ausschlagen der Magnetnadel beobachten und schloss daraus auf eine Wechselwirkung zwischen Magnet und Stromleiter. Zahlreiche, unter geordneteren Bedingungen durchgeführte Wiederholungen erbrachten immer wieder das gleiche Ergebnis: Die Magnetnadel wurde auf geheimnisvolle Weise vom stromdurchflossenen Draht angezogen (Abb. 34).[66]

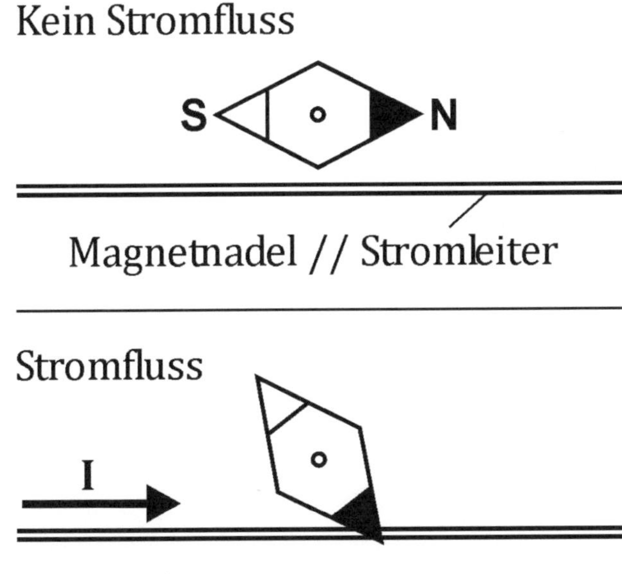

Abb. 34: *Das Oersted-Experiment zur Darstellung der Wechselwirkung zwischen stromdurchflossenem Leiter und Magnetnadel.*

Das Experiment hatte eine bis dahin unbekannte Eigenschaft des fließenden Stroms zu Tage gefördert: Demzufolge erzeugen bewegte Ladungen, wie sie ja im Falle des Stroms vorliegen, Magnetfelder! Die hinter diesem sensationellen Fund steckenden theoretischen Grundlagen blieben Oersted und seinen Zeitgenossen noch verborgen, und so dauerte es bis zur Mitte des 19. Jahrhunderts, als schließlich der Mathematiker und Physiker James Clerk Maxwell seine bis heute gültigen Theorien zum Elektromagnetismus vorstellte. Gemäß Maxwells Hypothesen erzeugen ruhende Ladungen elektrische Felder nach oben dargestelltem Muster, während bewegte Ladungen ringförmige, geschlossene Magnetfelder ausbilden. Für einen idealerweise gerade verlaufenden Stromdraht bedeutet dies nichts anderes, als dass sich die magnetischen Feldlinien in Form konzentrischer Kreise um den Leiter herum anordnen (Abb. 35). Maxwell fand weiters heraus, dass veränderliche elektrische Felder Magnetfelder induzieren und veränderliche Magnetfelder umgekehrt zur Bildung elektrischer Felder führen. Damit entwickelte er die theoretischen Grundlagen der modernen Telekommunikation.[67]

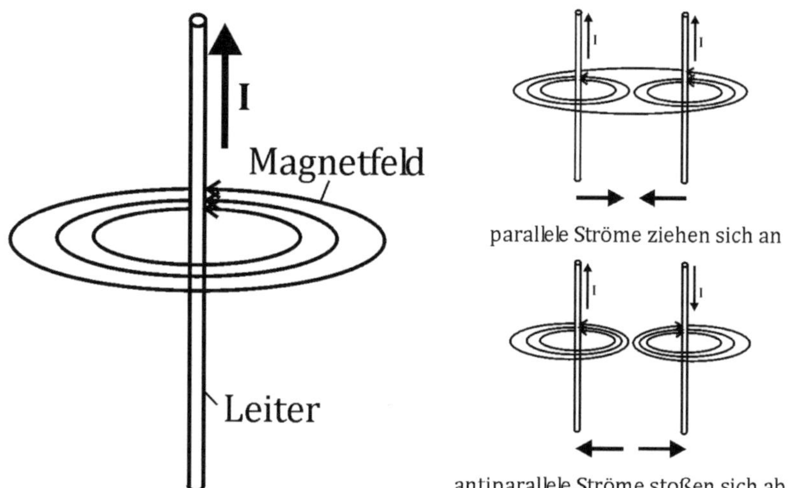

Abb. 35: *Magnetfeldbildung durch Stromfluss (links) und Verhalten zwischen parallelen beziehungsweise antiparallelen Strömen (rechts).*

Wie aus dem Studium der vorangegangenen Zeilen in Erfahrung gebracht werden konnte, besitzen magnetische Feldlinien im Allgemeinen eine bestimmte Richtung, und dieses Konzept lässt sich mithilfe einfacher Regeln auch auf den geraden, stromdurchflossenen Leiter anwenden. Zur Bestimmung der Orientierung der Magnetfeldlinien eignen sich am besten die so genannte Korkenzieherregel und die Rechte-Hand-Regel. Der ersten Regel zufolge stelle man sich einen bereits zur Hälfte in den Korken eingedrehten Korkenzieher vor. Ein weiteres Hineindrehen des Korkenziehers, welches eine Stromrichtung von oben nach unten symbolisieren soll, ergibt sich durch Bewegung des Geräts im Uhrzeigersinn. Dementsprechend sind auch die kreisförmigen Magnetfeldlinien im Uhrzeigersinn orientiert. Stromfluss von unten nach oben entspräche diesem Analogon zufolge dem Herausdrehen des Korkenziehers, was durch dessen Bewegung gegen den Uhrzeigersinn geschieht. Deshalb sind auch die magnetischen Feldlinien eines von Süd nach Nord verlaufenden Stroms gegen den Uhrzeigersinn ausgerichtet. Wer mit Korkenziehern nichts zu tun haben möchte oder nicht weiß, wie diese funktionieren, der möge sich der noch simpleren Rechte-Hand-Regel bedienen, bei der die rechte Hand mit ausgestrecktem Daumen im Gedanken den Stromleiter umfasst. Die Richtung des Daumens repräsentiert nun die Richtung des Stromflusses, die Richtung der eingerollten Finger (von oben betrachtet!) korrespondiert hingegen mit der Orientierung des Magnetfeldes.

Man kann also erkennen, dass Stromleitungen um sich herum ein Magnetfeld ausbilden. Im Alltag bleibt dieses Phänomen jedoch aufgrund der Isolierung der Leitungsdrähte weitestgehend verborgen. Die Wechselwirkung der Magnetfelder zweier nebeneinander verlaufender, stromdurchflossener Leiter ist analog zur Wechselwirkung der Magnetfelder zweier Magnete zu verstehen. Demzufolge ziehen sich parallele Ströme an, weil auch ihre magnetischen Feldlinien parallel zueinander angeordnet sind. Durch die Näherung der beiden Ströme kommt es zu einer sukzessiven Überlagerung beziehungsweise Verschmelzung der Feldlinien. Antiparallele Ströme stoßen sich ab, da auch ihre magnetischen Feldlinien in entgegengesetzte Richtung verlaufen. Je näher man antiparallele Ströme zusammen führt, desto stärker werden die gegenseitigen Abstoßungskräfte, da die magnetischen Feldlinien zwischen den beiden Leitern stetig komprimiert werden, was wiederum eine Steigerung der magnetischen Felddichte beziehungsweise Feldstärke zur Folge hat.

Wie stark sind eigentlich die Kräfte, welche zwischen zwei stromdurchflossenen Leitern wirken? Dieser interessanten Frage nahm sich erstmals der französische Physiker André-Marie Ampère an. Er konnte anhand einer aufwendig gestalteten Versuchsreihe nachweisen, dass sich zwei Leitungsdrähte von jeweils 1 m Länge, die in gleicher Richtung vom Strom durchflossen werden und zueinander einen Abstand von ebenfalls 1 m aufweisen, mit einer Kraft von exakt $2{,}7 \cdot 10^{-9}$ N gegenseitig anziehen, wenn die Stromstärke in jedem der beiden Leiter 1 A beträgt. Aufgrund des Experimentes konnte auch eine physikalische Definition der Stromstärkeneinheit Ampère (A) definiert werden. Die erzeugten Kräfte sind also für im Haushalt übliche Stromstärken von einigen Ampère kaum messbar, und dies, obwohl 1 A immerhin einem Ladungsfluss von 1 Coulomb (C) pro Sekunde entspricht. Genauer gesagt strömt eine Gesamtladung von 1 C pro Sekunde durch den Leiterquerschnitt. Dies scheint zunächst nicht weiter aufregend zu sein, doch handelt es sich bei 1 C um eine sehr große physikalische Einheit; die gesamte elektrische Ladung an der Erdoberfläche beträgt zum Beispiel 900000 C. Zieht man die Physik der Elementarteilchen für Vergleichszwecke heran, so benötigt man ungefähr $6{,}2 \cdot 10^{19}$ Elektronen oder Protonen zur Erzeugung einer Gesamtladung von 1 C.[68]

3.1.3 Lorentz-Kraft und Lenz'sche Regel

Um ein tiefergreifendes Verständnis über die dem Generator zugrunde liegende elektromagnetische Induktion zu erlangen, ist es zunächst notwendig, die Wechselwirkung zwischen geradem stromdurchflossenen Leiter und permanentem Magnetfeld etwas genauer zu betrachten. Dies sollte nach dem bisher Gesagten nicht mehr allzu schwer fallen. Man nimmt für diese Überlegungen einen U-förmigen Permanentmagnet, dessen Feldlinien idealerweise in paralleler Orientierung vom magnetischen Nord- zum magnetischen Südpol verlaufen. In dieses Magnetfeld wird eine sogenannte Leiterschaukel eingebracht, bei der es sich um ein gerades Drahtstück definierter Länge handelt, welches schaukelartig an dünnen, mit der Spannungsquelle verbundenen Stromleitern aufgehängt ist. Was passiert nun, wenn man das im Magnetfeld befindliche Drahtstück unter Strom setzt? Wie man sich denken kann, tritt eine Wechselwirkung zwischen stromgeneriertem Magnetfeld und Permanentmagnetfeld auf, die durch die so genannte Lorentz-Kraft, benannt nach dem niederländischen Physiker Hendrik Antoon Lorentz, zum Ausdruck gebracht wird. Die Kraft wirkt auf das bewegliche Drahtstück und führt zu dessen Auslenkung, wobei die Richtung dieser Auslenkung gemäß nachfolgender Abbildung von der Richtung des

Magnetfeldes und der Richtung des Stromflusses abhängig ist (Abb. 36). Nimmt man etwa an, dass die Magnetfeldlinien senkrecht von oben nach unten verlaufen und der Stromfluss wie in der Zeichnung dargestellt von vorne nach hinten erfolgt, ist das Resultat eine nach rechts wirkende Lorentz-Kraft. Dies erscheint zugegebenermaßen auf den ersten Blick ein wenig verwirrend. Alles was man jedoch nur zu tun hat, ist oben abgebildeten elektrischen Leiter mitsamt seinem Magnetfeld mit der richtigen Orientierung in das permanente Magnetfeld einzufügen. Betrachte man hier das konkreten Beispiel, so verlaufen die Magnetfeldlinien rechts vom Leiter nach unten, links davon hingegen nach oben. Das bedeutet nun nichts anderes, als dass rechterhand Anziehungskräfte zwischen kreisförmigen und geradlinigen Magnetfeldlinien, linkerhand dagegen Abstoßungskräfte entstehen. Das Ergebnis ist eben die nach rechts gerichtete, den Draht auslenkende Lorentz-Kraft (Abb. 37).

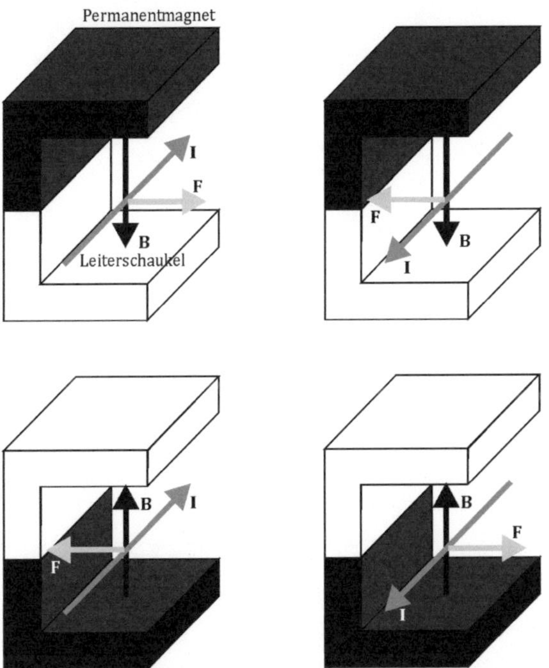

Abb. 36: *Leiterschaukelexperiment zur Verdeutlichung der Lorentz-Kraft. Ein elektrischer Leiter I wird mit der Kraft F im Permanentmagnetfeld B ausgelenkt. Die Richtung dieser Auslenkung hängt von der jeweiligen Orientierung von I und B ab.*

Die Größe der dem Physiklaien geheimnisvoll erscheinenden Lorentz-Kraft lässt sich nach einer äußerst simplen Gesetzmäßigkeit berechnen, hängt sie doch nur von drei physikalischen Parametern, nämlich der Stärke des Magnetfeldes (B), der Stärke des Stromflusses durch den Leiter (I) und der Länge jenes im Magnetfeld schwingenden Drahtstücks (s) ab. In einem Magnetfeld mit einer Stärke von 1 Tesla (T), in dem ein 1 m langer, von 1 A Stromstärke durchflossener Leiter eingebracht wird, beträgt die Lorentz-Kraft, wie nicht schwer nachvollziehbar ist, exakt 1 N.[69]

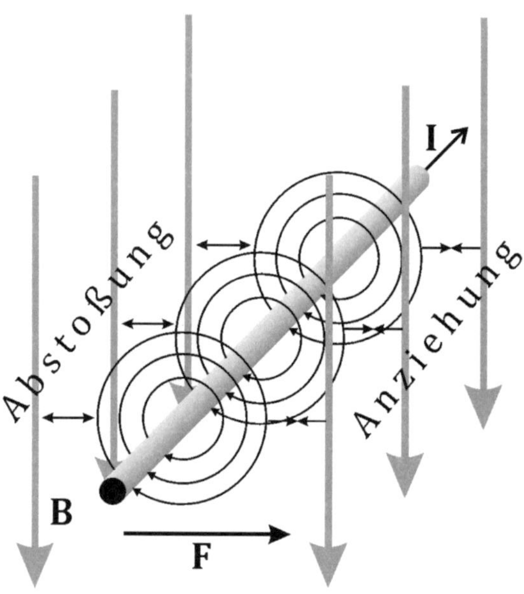

Abb. 37: *Wechselwirkung zwischen Magnetfeld des elektrischen Leiters und Feld des Permanentmagneten und daraus resultierende Richtung der Lorentz-Kraft.*

Nach dem Erwerb grundlegender Kenntnisse zum Elektromagnetismus soll das Hauptaugenmerk nun auf die eigentliche Problematik, nämlich die Funktionsweise des elektrischen Generators, gelegt werden. Wie bereits angedeutet wurde, funktioniert der Generator nach dem umgekehrten Prinzip wie etwa der dem obigen Modell der Leiterschaukel zugrunde liegende Elektromotor. Man möchte ja aus Bewegungsenergie, repräsentiert durch die Rotation der Turbine, elektrische Energie erzeugen. Und in der Tat führt die durch eine äußere Kraft erzeugte Pendelbewegung der Leiterschaukel im senkrecht orientierten Magnetfeld dazu, dass im Draht Strom zu fließen beginnt. Je nachdem, in welche Richtung die Schaukel ausschlägt, strömen die Elektronen im Metalldraht einmal in die eine Richtung und das andere Mal wiederum in die entgegengesetzte Richtung. Man hat also streng genommen durch die Pendelbewegung bereits einen einfachen Wechselstromgenerator erzeugt, wobei die Wechselstromfrequenz gerade der Schwingungsfrequenz, also dem Kehrwert der Schwingungsdauer der Leiterschaukel entspricht.

Das Leiterschaukel-Experiment zur Darstellung sowohl der Lorentz-Kraft als auch der elektromagnetischen Induktion eignet sich wegen seiner Einfachheit sehr gut für den schulischen Demonstrationsunterricht. Zudem wird durch diesen Versuch ein weiteres, in der Elektrotechnik bedeutsames Phänomen ans Licht gebracht, welches in der so genannten Lenz'schen Regel seine Definition erfährt. Diese besagt nämlich, dass *der in einem Leiter induzierte Strom stets so gerichtet ist, dass er der Ursache seiner Bildung entgegenwirkt.*[70] Im Falle der Leiterschaukel wird der hinter der Lenz'schen Regel steckende Effekt sofort ersichtlich, wenn man die Konstruktion einmal auslenkt und in weiterer Folge ihrem Schicksal überlässt. Man kann beobachten, dass die Schaukel sehr rasch, viel rascher noch als bei einer entsprechenden Schwingung außerhalb des Magnetfeldes, zum Stillstand kommt. Im Magnetfeld des Permanentmagneten liegt eine stark gedämpfte Schwingung der Schaukel vor, wobei das Ausmaß der Dämpfung mit der Stärke des Permanentmagnetfeldes zusammenhängt. Eine Aufrechterhaltung der Schwingung ist nur durch so genannte Rückkopplung, wie man sie etwa bei der Pendeluhr vorfindet, möglich.

Wie aber lässt sich die Lenz'sche Regel aus physikalischer Sicht erklären? Zur Erklärung sollen die beiden zuletzt gezeigten Schemata, in welchen die Orientierungen von Kraft-, Magnetfeld- und Stromvektor erklärt werden, ihre Verwendung finden. Wenn man wiederum annimmt, dass die Feldlinien des Permanentmagneten senkrecht von oben nach unten führen, und die Leiterschaukel um einen gewissen Winkel nach rechts ausgelenkt wird, fließt der induzierte Strom laut obigem Schema von vorne nach hinten. Der Stromfluss bewirkt aufgrund der Entstehung kreisförmiger, um den Leiter herum verlaufender Magnetfelder nun seinerseits, dass der Metalldraht von den rechter Hand befindlichen Feldlinien des Permanentmagneten angezogen, von den linker Hand befindlichen Feldlinien hingegen abgestoßen wird. Lässt man die Leiterschaukel los, wirkt gerade dieses Phänomen der

Schwingungsbewegung des Drahtes kurzzeitig entgegen, nämlich so lange, bis sich die Stromrichtung komplett umgekehrt hat und in entgegengesetzte Richtung orientierte Magnetfelder entstanden sind. Die anfängliche Bremswirkung des induzierten Stroms führt dazu, dass das Pendel links bei weitem nicht mehr seine Ausgangshöhe erreicht. Sobald sich die Schwingungsrichtung umkehrt, tritt jener auf der Lenz'schen Regel basierende Bremseffekt neuerlich auf.

Die Lenz'sche Regel hat in der modernen Elektrotechnik vielerlei Anwendungen gefunden. Eine davon ist die sogenannte Wirbelstrombremse bei Oberleitungsbussen und Hochgeschwindigkeitszügen. Stark vereinfacht besteht diese aus einer metallenen Bremsscheibe, die teilweise zwischen den Polen eines regelbaren Permanentmagneten rotiert. Wird der Magnet eingeschaltet, entstehen in der Bremsscheibe Wirbelströme, die mittels ihrer eigenen Magnetfelder ihrer Entstehungsursache, der Rotationsbewegung, entgegenwirken. Je stärker das Feld des Permanentmagneten gewählt wird, desto höher wird auch die Bremswirkung.

Natürlich ist ein einfacher, schaukelartig in einem Permanentmagnetfeld aufgehängter Draht keineswegs ausreichend, um größere Strommengen zu erzeugen. Man muss sich zu diesem Zweck einem leicht modifizierten, aber deshalb nicht schwerer verständlichen Generatorprinzip zuwenden, bei dem die Leiterschaukel durch eine rotierende Leiterschleife ersetzt wird.

3.1.4 Der elektrische Generator

Man bringt die Leiterschleife zunächst waagrecht in das vertraute Feld des Permanentmagneten ein. Bewegt man die Leiterschleife in diesem Magnetfeld waagrecht von links nach rechts, so sollte es den bisherigen Erkenntnissen zufolge zur Induktion eines Stromflusses kommen. Wenn man an die Leiterschleife mittels dünner Drähte ein Spannungsmessgerät (Voltmeter) anschließt und entsprechende Bewegung der Schleife vornimmt, zeigt das Gerät keinen Spannungsaufbau und demzufolge auch keinen Stromfluss an. Dieses Ergebnis verwundert auf den ersten Blick ein wenig. Physikalisch ist es ganz einfach dadurch zu erklären, dass die Bewegung der Schleife in deren Längsseiten zwar jeweils einen Stromfluss induziert, sich die beiden Ströme aber aufgrund ihrer entgegengesetzten Orientierung gegenseitig aufheben. Führt man die Horizontalbewegung der Leiterschleife fort, so wird diese irgendwann aus dem Permanentmagnetfeld heraustreten. Während des Heraustauchens der Schleife kann am Messgerät ein Anstieg der

Spannung festgestellt werden. Diese fällt jedoch wieder auf ihren Nullwert zurück, sobald die Schleife das Magnetfeld vollständig verlassen hat. Das teilweise Verlassen des Magnetfeldes führt dazu, dass nur mehr eine Längsseite der Schleife in besagtem Feld verweilt und die Schleife hinsichtlich ihrer elektromagnetischen Eigenschaften auf einen geraden Draht nach oben skizziertem Muster reduziert wird (Abb. 38).[71]

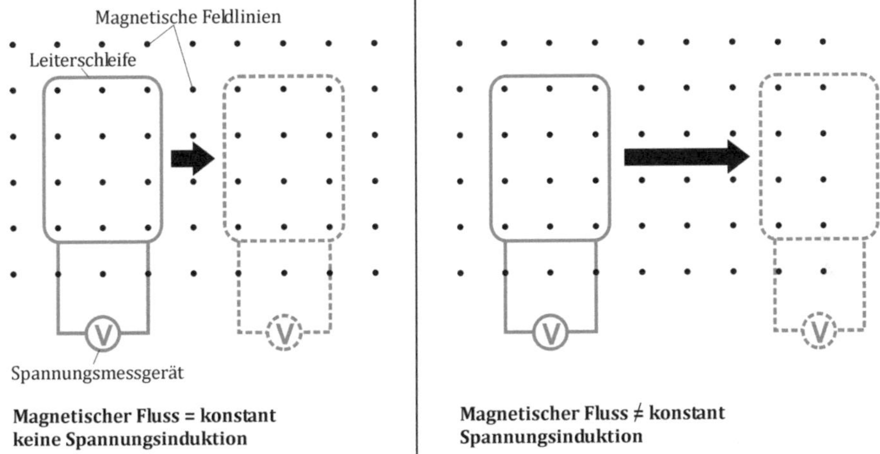

Abb. 38: *Bewegung der Leiterschleife innerhalb eines Permanentmagnetfeldes (konstanter magnetischer Fluss; links) und aus dem Magnetfeld heraus (nicht konstanter magnetischer Fluss).*

Der Umstand, dass bei der waagrechten Bewegung der Leiterschleife im Magnetfeld keine Spannung erzeugt wird, lässt sich physikalisch auch durch den konstanten magnetischen Fluss durch die Schleife erklären. Der magnetische Fluss, in der Fachsprache mit φ bezeichnet, beschreibt die Anzahl der magnetischen Feldlinien, die zu einem bestimmten Zeitpunkt durch die Leiterschleife hindurchtreten. Wie der obigen Abbildung recht leicht entnommen werden kann, bleibt die Anzahl der durch die Schleife hindurchtretenden Feldlinien bei der links gezeigten, kurzen Verschiebung unverändert. Rechts hingegen nimmt sie ab, das heißt, der magnetische Fluss ist nicht mehr konstant – Spannung wird induziert.

Mathematisch gesehen ist der Zusammenhang zwischen induzierter Spannung und magnetischem Fluss relativ einfach ausdrückbar: Die induzierte Spannung entspricht der Änderung des magnetischen Flusses mit der Zeit

(U = -Δφ/Δt oder als Differenzial U = -dφ/dt). Verringert sich der magnetische Fluss beispielsweise innerhalb einer Sekunde auf die Hälfte, so wird eine positive Spannung erzeugt, deren Betrag φ/2 ausmacht. Wird der magnetische Fluss innerhalb einer Sekunde auf das Doppelte erhöht, erhält man auf Basis der oben vorgestellten Formel eine negative Spannung mit dem Betrag φ.

Für eine leichtere mathematische Handhabung des magnetischen Flusses hat man diesen einfach als das Produkt aus Fläche der Leiterschleife und Stärke des Permanentmagnetfeldes (= magnetische Induktion) definiert. Diese Formulierung ergibt durchaus Sinn, steigt doch einerseits die Zahl der durch die Leiterschleife hindurch tretenden magnetischen Feldlinien mit der Fläche der Schleife an und wird andererseits die Stärke des Magnetfeldes durch die Anzahl der Feldlinien pro Flächeneinheit zum Ausdruck gebracht.

Das oben skizzierte, waagrechte Verschieben der Leiterschleife stellt zwar technisch kein Problem dar, würde aber zu einem Generator mit relativ niedrigem Wirkungsgrad führen. Man macht sich deshalb die Rotationsbewegung der von der Wasserkraft angetriebenen Turbine direkt zunutze und lässt die Leiterschleife im Permanentmagnetfeld eine kontinuierliche Drehbewegung ausführen. Wählt man zu diesem Zweck eine waagrechte Ausgangsposition der Leiterschleife und lässt diese wie unten skizziert gegen den Uhrzeigersinn rotieren, so erhält man einen sinusförmigen Spannungsverlauf. In der Ausgangsstellung beträgt die Spannung noch Null. Sobald jedoch die Schleife in Drehung versetzt wird, ändert sich die Anzahl der durch diese hindurchtretenden magnetischen Feldlinien, also der magnetische Fluss, wodurch es zur Spannungsinduktion kommt. Der maximale Spannungswert wird bei der senkrechten Position der Leiterschleife erreicht. Würde man die Bewegung jetzt stoppen, würde der Spannungswert sofort wieder auf null herabfallen. Die weitere Drehbewegung verursacht einen nahezu linearen Spannungsabfall. Dieser hält so lange an, bis die Leiterschleife erneut in ihre senkrechte Position gedreht worden ist und damit insgesamt einen Drehwinkel von 270° durchlaufen hat. Zu diesem Zeitpunkt wird wiederum eine Maximalspannung gemessen, die nun jedoch negatives Vorzeichen besitzt und damit einen Stromfluss in die umgekehrte Richtung indiziert. Nach Vollendung einer vollen Drehung (360°) beträgt der Spannungswert gemäß der unten dargestellten Sinusfunktion wieder Null, und der gerade beschriebene Vorgang vollzieht sich von neuem (Abb. 39).

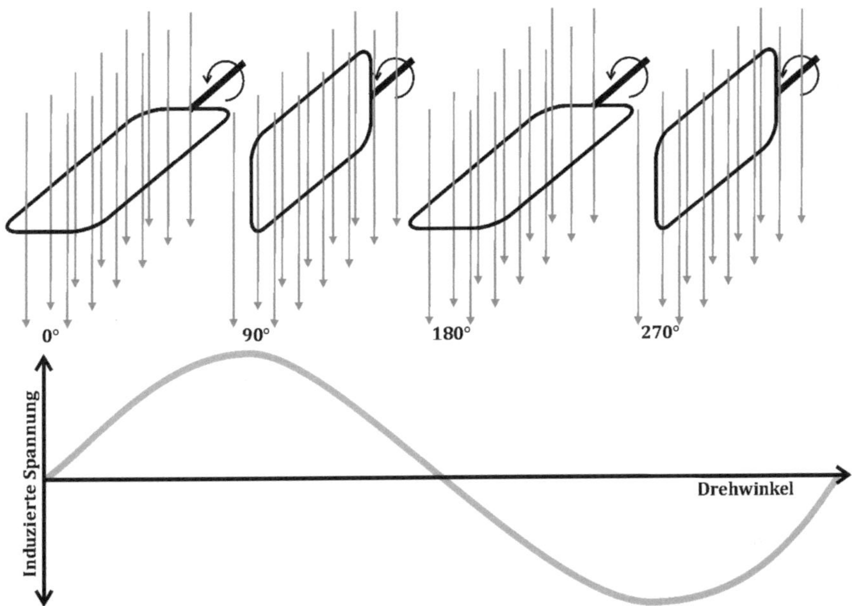

Abb. 39: *Verlauf der in einer Leiterschleife induzierten Spannung bei Drehung entsprechender Vorrichtung in einem Permanentmagnetfeld.*

Nachdem das Grundprinzip des modernen elektrischen Generators im Detail erörtert worden ist, bleibt noch die Frage zu klären, anhand welcher technischen Modifikationen eine Verbesserung der Generatoreffizienz herbeigeführt werden kann. Dazu ist es notwendig, sich wieder die weiter oben vorgestellte Formel für die induzierte Spannung zurück ins Gedächtnis zu rufen. Demnach hängt die erzeugte Spannung von der Änderung des magnetischen Flusses und der Änderung der Zeit ab. Hohe Spannungswerte erhält man entweder dadurch, dass man starke Veränderungen des magnetischen Flusses herbeiführt, oder dadurch, dass man die Änderungen des magnetischen Flusses innerhalb kleiner Zeitintervalle bewirkt. Ersteres Phänomen lässt sich durch eine Vergrößerung der Schleifenfläche und/oder eine Verstärkung des Magnetfeldes erzielen, während zweiteres Phänomen aus einer Erhöhung der Rotationsgeschwindigkeit resultiert. Anders ausgedrückt bedeutet dies: Eine schnell rotierende große Leiterschleife erzeugt wesentlich mehr Strom als eine langsam rotierende kleine!

Moderne Drehgeneratoren weichen von dem oben dargestellten technischen Grundprinzip dahingehend ab, dass das Magnetfeld in Drehung versetzt wird und sich die elektrischen Leiter in Ruhe befinden. Der bewegliche Teil im Inneren des Generators wird als Rotor oder Läufer bezeichnet und dreht sich gegenüber dem feststehenden Stator-Gehäuse oder Ständer. Am Rotor wird anhand eines Permanent- oder Elektromagneten (stromdurchflossene Feldspule mit Eisenkern) ein umlaufendes, gleichmäßiges Magnetfeld erzeugt. Dieses wiederum führt in den Leitern oder Leiterwicklungen des Stators infolge der oben beschriebenen physikalischen Grundsätze zur Induktion einer elektrischen Spannung.

Um für die Induktion benötigte, möglichst gleichmäßige Magnetfelder zu erhalten, besitzt der Rotor mehrere sogenannte Polschuhe mit pilzförmigen Querschnitten, die eine homogene Verteilung des Magnetfeldes innerhalb der Rotorkammer verursachen. Im Falle der Verwendung von Elektromagneten erfolgt die für deren Inbetriebnahme notwendige Gleichstromzufuhr über die Antriebsachse und ein System aus stromübertragenden Schleifringen beziehungsweise -bürsten. Die Frequenz der abgegebenen Spannung steigt mit der Drehzahl des Rotors an. Bei konstanter Drehzahl lässt sich eine weitere Erhöhung der Spannungsfrequenz durch die Vermehrung der Polzahl (mindestens zwei, weitere geradzahlige Anzahlen möglich) erreichen.

Wie man sich leicht vorstellen kann, arbeiten moderne Generatoren von Wasserkraftwerken mit teils extrem hohen Drehzahlen der Rotoren, weshalb es notwendig ist, die Spulen fest um ihre Eisenkerne herumzuwickeln. Nur so ist es diesen nämlich möglich, den während der Drehung wirkenden, starken Fliehkräften zu widerstehen.

Bisher wurde das Augenmerk ausschließlich auf das technisch-physikalische Prinzip des Wechselstromgenerators gelenkt. In wesentlich kleinerem Maßstab gelangen heute auch noch Gleichstromgeneratoren zum Einsatz. Als einige bekannte Beispiele von Anwendungsbereichen des Gleichstromgenerators seien der Dynamo beim Fahrrad oder die Lichtmaschine bei Kraftfahrzeugen genannt. Der Bauplan des Gleichstromgenerators unterscheidet sich von jenem des Wechselstromgenerators lediglich in einer Komponente, dem sogenannten Kommutator oder Stromwender. Dieser bewirkt die Gleichrichtung und Abnahme der direkt im Läufer generierten Spannung. Da der Gleichstromgenerator mit eingebautem Kommutator in vielen Fällen nicht die erforderliche Stromleistung erbringen kann, verwendet man dafür Wechselstromgeneratoren mit nachgeschalteten Gleichrichtern, die eine Kombination von Dioden und Kondensatoren darstellen.

3.2 Ausgewählte elektrotechnische Parameter in der Wasserkraft

3.2.1 Der Begriff der Leistung

Die Leistung ist ein physikalischer Terminus, dem man im Alltagsleben relativ häufig begegnet. Neben der von einem Kraftfahrzeug erbrachten Leistung interessiert bespielweise auch die Leistung einer Glühbirne oder einer Stereoanlage. Prinzipiell kann in der physikalischen Lehre zwischen mechanischer Leistung auf der einen Seite und elektrischer Leistung auf der anderen differenziert werden. Die mechanische Leistung spielt bei Arbeitsprozessen eine bedeutende Rolle und bezeichnet hier ganz einfach die pro Zeiteinheit geleistete Arbeit. Die generell mit dem Buchstaben P bezeichnete Leistung wird hier in Watt (W) gemessen, wobei 1 W dem Quotienten aus 1 J (Joule) und 1 s (Sekunde) entspricht. Die mechanische Leistung größerer Maschinen wird in der Regel in Kilowatt (kW), Megawatt (MW) oder Gigawatt (GW) angegeben.[72]

In der Elektrotechnik ist der Leistungsbegriff durch andere physikalische Größen definiert. Grundsätzlich ergibt sich der physikalische Parameter aus dem Produkt von Stromstärke I und Spannung U.[a] Als Einheit der elektrischen Größe wird alternativ das bereits oben erläuterte W oder das Volt-Ampère (VA) angegeben. Als größere Einheiten finden hier auch das Kilovolt-Ampère (kVA) oder Megavolt-Ampère (MVA) ihre Verwendung.

Ein in der Energiewirtschaft sehr häufig gebrauchter Parameter ist jener der elektrischen Energie, welcher das Produkt aus elektrischer Leistung und Zeit darstellt. Als Einheiten für diese bedeutende Bezugsgröße gelten die Wattsekunde (Ws) beziehungsweise im Falle von Kraftwerksanlagen die Kilowattstunde (kWh), Megawattstunde (MWh) oder Gigawattstunde (GWh). Erbringt eine hydroelektrische Anlage über einen Zeitraum von 1 h (= 3600 s) eine Leistung von 10 MW, so bemisst sich die produzierte Energie auf exakt 10 MWh.

Für die Ermittlung der Turbinenleistung sind strömungsphysikalische Parameter heranzuziehen. Dazu zählen etwa die Dichte des Strömungsmedi-

---

[a] Die elektrische Leistung kann relativ einfach in die mechanische Leistung übergeführt werden, wenn man I = Q/t (Ladung pro Zeiteinheit) und U = E·s (elektrische Feldstärke mal Weg) annimmt. Dadurch, dass E = F/Q (Kraft pro Ladung) gilt, erhält man für die elektrische Spannung die Formel U = (F·s)/Q, wobei das Produkt aus Kraft F und Weg s gemäß klassischer Physik die Arbeit W bezeichnet. Durch Zusammenführung aller Formeln ergibt sich schlussendlich P = I·U = (Q/t)·(F·s)/Q = (F·s)/t.

ums (kg/m^3), die über die Druckleitung vermittelte Flussrate des Mediums (m^3/s), die Höhendifferenz zwischen Speicher des Mediums und Einlauf in die Turbinenkammer (Fallhöhe, m), die auf die Schwerkraft zurückzuführende Fallbeschleunigung (m/s^2) und der Wirkungsgrad des Laufrades (dimensionslos). Die Leistung nimmt mit all diesen Größen linear zu.[b] Betrachtet man beispielsweise eine hydroelektrische Anlage mit einer Flussrate von 100 m^3/s, einer Fallhöhe des Wassers von 150 m und einer Turbineneffizienz von 0,85 (= 85 %), ergibt sich aufgrund der Konstanz der verbleibenden Parameter[c] eine entsprechende Turbinenleistung von 125077500 W oder 127,078 MW. Sowohl eine Verdopplung der Fallhöhe als auch der doppelte Wert des Durchflusses[d] führen dabei zu einer Verdopplung der Leistung.

3.2.1 Spezielle Leistungs- und Energiebegriffe in Verbindung mit hydroelektrischen Anlagen

In der Wasserkraftwirtschaft erfolgt die Definition von Leistung und Effizienz einer gegebenen Anlage unter Verwendung spezifischer Begrifflichkeiten, welche aufgrund ihres vermehrten Gebrauchs in Kapitel 5 abschließend noch näher erläutert werden sollen.

Unter dem sogenannten Regelarbeitsvermögen (RAV) versteht man in der Energieversorgung ein Maß für die Stromerzeugung, welches angibt, wie viel elektrische Energie in einem bestimmten Zeitabschnitt vom Kraftwerk geliefert werden kann. Es handelt sich hierbei um eine mittlere Leistungsgröße, die im definierten Zeitraum erbracht wurde oder für diesen prog-

---

[b] Es besteht hier demnach der einfache mathematische Zusammenhang Leistung (P) = Dichte des Mediums (ρ) · Flussrate (Q) · Fallhöhe (H) · Fallbeschleunigung (g) · Wirkungsgrad (η). Eine Dimensionsanalyse dieser simplen mathematischen Formel ergibt: W = (kg/m^3)·(m^3/s)·m·(m/s^2) = kg·m^2/s^3 = (N·m)/s = J/s. Damit kann die Gleichung auf die ursprüngliche Definition der mechanischen Leistung zurückgeführt werden.

[c] Wie noch aus dem Physikunterricht bekannt sein dürfte, bemisst sich die mittlere Dichte des Wassers auf 1000 kg/m^3, wohingegen die Fallbeschleunigung auf unserem Breiten auf 9,81 m/s^2 zu beziffern ist.

[d] Es ist bereits an dieser Stelle darauf hinzuweisen, dass in der Wasserbautechnik in diesem Zusammenhang sehr häufig der Begriff der Ausbauwassermenge oder des Ausbaudurchflusses seinen Gebrauch findet. Darunter versteht man die ebenfalls in m^3/s gemessene maximale Wassermenge, welche bei einem Wasserkraftwerk durch dessen Turbinen abgeführt wird und ihre Verwendung zur Erzeugung von elektrischem Strom findet. Ist der Durchfluss in den Druckwasserrohren größer als die Ausbauwassermenge, kann nicht das gesamte zur Verfügung stehende Wasser durch die Turbinen geleitet werden, sondern erfährt durch ein Wehrsystem seine teilweise Ableitung.

nostiziert werden kann. Das Regelarbeitsvermögen wird für gewöhnlich in den gleichwertigen Einheiten GWh pro Jahr oder Millionen kWh pro Jahr angegeben. Bei der Berechnung dieser Größe ist zu berücksichtigen, dass die Verfügbarkeit regenerativer Energieträger jährlichen Schwankungen unterliegt und die Stromproduktion diesen Fluktuationen folgt. Das Regelarbeitsvermögen stellt demnach einen aus den Jahresproduktionen von mindestens drei aufeinanderfolgenden Jahren kalkulierten Mittelwert dar. Bei Wasserkraftwerken wird dieser Parameter bereits in der Planungsphase auf Basis des durchschnittlichen Wasserdurchflusses prädiziert, um Aussagen über die Wirtschaftlichkeit der Anlage treffen zu können.

Die sogenannte Enpassleistung beschreibt die maximale elektrische Dauerleistung, welche ein Kraftwerk unter normalen Rahmenbedingungen bereitzustellen vermag. Dieser Parameter wird *per definitionem* durch den schwächsten Anlagenteil, den Engpass, begrenzt. Unter der Brutto-Engpassleistung versteht man die gesamte vom stromproduzierenden Werk erbrachte Leistung; die Netto-Engpassleistung hingegen erhält man nach Abzug des für den Werksbetrieb notwendigen Eigenbedarfs an Elektrizität.

Zwei weitere, im Zusammenhang mit der Energiewirtschaft häufig verwendete Begrifflichkeiten sind die Nennleistung und die Scheinleistung. Der erste Terminus beschreibt die vom Hersteller angeführte Leistung eines Geräts oder, wie im hier vorliegenden Fall, eines Generators. Bei einer Anlage zur Erzeugung von elektrischem Strom korrespondiert die Nennleistung mit dem oben erörterten Regelarbeitsvermögen. Laut Gesetzgeber ist die Nennleistung für die gesamte Lebensdauer einer Anlage verbindlich; signifikante Änderungen dieses Parameters sind lediglich bei konstruktiven Maßnahmen am stromproduzierenden Werk zulässig.

Die Scheinleistung repräsentiert eine Rechengröße, die eventuelle Verluste bei der Zuführung von elektrischer Leistung an den Verbraucher berücksichtigt. Aus physikalischer Sicht setzt sich dieser Parameter aus der tatsächlich umgesetzten Wirkleistung und der zusätzlichen Blindleistung zusammen.[e] Die das Stromnetz versorgenden Generatoren eines Kraftwerks sowie die nachgeschalteten Transformatoren müssen allesamt für den Wert der Scheinleistung bemessen werden; dies erübrigt sich weitestgehend bei der Verwendung von Blindstromkompensatoren.

---

[e] Mathematisch entspricht die Scheinleistung dem Produkt aus effektiver Stromstärke (I_{eff}) und effektiver Spannung (U_{eff}), wobei gilt: $I_{eff} = I_s \cdot \sqrt{2}$ und $U_{eff} = U_s \cdot \sqrt{2}$. Dabei bezeichnen I_s und U_s die jeweils erzeugten Spitzenwerte von Stromstärke und Spannung.

SPEZIELLER TEIL

Der Mensch sieht sein Spiegelbild nicht im fließenden Wasser, sondern im stillen Wasser. (Dschuang Dsi)

Kapitel 4

Elektrifizierung Salzburgs – Ein historischer Abriss

4.1 Die Anfänge der Salzburger Elektrizitätswirtschaft

4.1.1 Die Salzachmetropole als Strompionier

Die erstmalige Nutzung der aus hydroelektrischen Anlagen gewonnenen Energie datiert für die österreichische Monarchie in das Jahr 1884. Zum damaligen Zeitpunkt diente die erzeugte Elektrizität jedoch lediglich dazu, einigen Straßenlampen Licht einzuhauchen. Am Ende desselben Jahres war man mancherorts – so etwa in der neuen Kunstmühle im Bärengässchen zu Mülln – dazu übergegangen, die Hausbeleuchtung mit elektrischem Licht durchzuführen. Das Jahr 1886 gilt als das Geburtsdatum schlechthin der öffentlichen Elektrizitätsversorgung in Österreich, war es doch ab diesem Zeitpunkt nicht mehr nur privaten Investoren vorbehalten, sich der modernen Energieressource zu bedienen. Der steigende Wunsch nach elektrischer Beleuchtung hatte zur Folge, dass im selben Jahr an der Erlauf ein erstes, hinsichtlich seiner Kapazität noch sehr bescheidenes Laufkraftwerk in Betrieb genommen wurde.[73]

Nicht etwa die Hauptstadt Wien, sondern die Salzachmetropole Salzburg führte im Jahre 1887 als erstes Ballungszentrum der österreichisch-ungarischen Monarchie die permanente Versorgung mit elektrischem Strom ein. Dieser Umstand mag zum Teil wohl auch darin begründet liegen, dass sich Kaiser Franz Joseph I. in seiner zweiten Lebenshälfte gegen den technischen Fortschritt insgesamt und insbesondere gegen die elektrische Beleuchtung in seiner Residenz verwehrte. Als zentrale Station für die Elektrizitätsversorgung der Mozartstadt wurde schon ein Jahr zuvor das Haus Makartplatz 3 auserwählt, welches einen Teil des ehemaligen Lodron'schen Primogeniturenpalastes darstellte. Etwa zur gleichen Zeit erfolgte von staatlicher Seite die Ausstellung der Konzession für die sogenannte „Unternehmung der Electricitätswerke Salzburg" (Abb. 40).[74]

Da der Strombedarf noch relativ gering war, reichte für die Elektrizitätserzeugung ein kleines, neben dem Hauptgebäude errichtetes Dampfkraftwerk aus, das zwei Dampfmaschinen und damit verbundene Gleichstromdynamos enthielt. Die Verlegung der zu den jeweiligen Beleuchtungsstellen führenden Straßenkabel erfolgte im Mai des Jahres 1887, wobei dieses Ereignis in den damaligen Medien in ähnlicher Weise gewürdigt wurde wie die Gründung des Elektrizitätswerkes selbst. Das Salzburger Volksblatt etwa rühmte die Mozartstadt als Vorreiter des technischen Fortschritts, wurden doch hier die ersten Erdkabel der gesamten Monarchie verlegt. Die schlussendliche Aufnahme des elektrischen Betriebes fällt auf den 13. Oktober 1887, als man tagtäglich von vier Uhr nachmittags bis ein Uhr nachts eine Lieferung von 150 Volt Gleichstrom an die Beleuchtungsstandorte beziehungsweise Stromabnehmer veranlasste. Bis zum Ende desselben Jahres konnte man 60 vornehmlich wohlhabende Stromkunden zählen, welche ihre Häuser mit elektrischem Licht erhellten, und die Anzahl der Interessenten stieg in weiterer Folge kontinuierlich an.[75]

Abb. 40: *Zeitgenössische Fotografie der im Haus Makartplatz 3 untergebrachten „Unternehmung der Electricitätswerke Salzburg".*

4.1.2 Elektrifizierung des Mönchsberg-Aufzugs und anderer Institutionen

Als erstes Großprojekt der Salzburger Elektrizitätswirtschaft galt die Stromversorgung des Aufzuges auf den Mönchsberg, welche schließlich im Jahre 1890 zur Realisierung gelangte. Das von zahlreichen Postkarten der Mozartstadt bekannte Stahlgerüst des Aufzuges wurde von 1888 bis 1890 errichtet. Der für damalige Verhältnisse hochmoderne Aufzug sollte einerseits Sommerfrischler zu einem Punkt auf dem Mönchsberg mit vorzüglicher Aussicht auf die Altstadt befördern, diente andererseits aber auch dazu, betuchte Bürger zu ihren Villen auf dem Mönchsberg zu transportieren. Bei seiner Eröffnung am 9. August 1890 wurde der elektrische Aufzug in einem Werbeprospekt bereits als „Sehenswürdigkeit 1. Ranges" gepriesen, ermöglichte er doch innerhalb von zwei Minuten die Erreichung des Plateaus auf dem Mönchsberg. Dort konnte man einerseits in ein Restaurant einkehren und einem Inserat des Salzburger Volksblattes zufolge dreimal wöchentlich in den Genuss von Militärmusikkonzerten kommen, andererseits jedoch auch nach Bezahlung eines Eintrittspreises von 10 Kronen in einem eigens errichteten Aussichtsturm den Blick über die Altstadt genießen. Im Jahre 1892 ging der Aufzug, welcher von den Salzburger Electrizitätswerken bis dahin lediglich auf Basis eines Pachtvertrages betrieben worden, in den Besitz der Aktiengesellschaft über (Abb. 41).[76]

Abb. 41: *Der elektrische Aufzug auf den Mönchsberg mit seinem über die Stadtgrenze hinaus berühmten Stahlgerüst (Eröffnung 1890).*

Als weiterer Großabnehmer von elektrischem Strom fungierte das im Herbst 1891 eröffnete Stadttheater, dessen gesamte Beleuchtung auf moderner elektrischer Basis erfolgte. Ein weiterer Höhepunkt der Elektrizitätswirtschaft Salzburgs war zweifelsohne die Eröffnung des „Elektricitäts-Hotels" am Makartplatz im Juli 1894. Neben einer elektrischen Beleuchtung der ein zelnen Gästezimmer trat dieses Gebäude vor allem aufgrund seines auf dem Dach positionierten und in der Nacht beleuchteten Namenszuges hervor.[77] Die stetig steigende Nachfrage nach elektrischem Strom ließ die Zentralstation der „Electricitätswerke Salzburg" auf dem Makartplatz bald zu klein werden, und so wurde im Jahre 1895 in der Schlachthofgasse eine neue, für höhere Stromleistungen konzipierte Station errichtet. Die Versorgungsspannung wurde durch den Übergang von einem Zweileiter- auf ein Dreileiternetz von 150 Volt auf 240 Volt Gleichstrom erhöht. Die nach Fertigstellung der neuen Zentralstation gebotene Leistung betrug nun immerhin 270 kW, konnte jedoch durch zusätzliche Einbindung des alten Zentralwerks im Bedarfsfall noch weiter erhöht werden.[78]

Abb. 42: *Die Eichetmühle bei Grödig, das erste Wasserkraftwerk Salzburgs (Eröffnung 1898).*

Im Jahre 1898 kam es zum Erwerb der Eichetmühle am Almkanal bei Grödig, wo das erste Wasserkraftwerk der Elektrizitätsgesellschaft und Salzburgs insgesamt entstand. Diese wurde am 28. Juni 1898 in Betrieb genommen und erzeugte einen Drehstrom von 3000 Volt, welcher über eine Hochspannungsleitung zum zentralen Werk in der Schlachthofgasse übertragen wurde. Mit der Generierung des wesentlich leistungsfähigeren Drehstroms war es ab diesem Zeitpunkt möglich geworden, eine künftige Elektrifizierung des Stadtbahn- und Lokalbahnbetriebes ins Auge zu fassen (Abb. 42).[79] Mit der Jahrhundertwende war es der Salzburger Elektrizitätsgesellschaft durch kontinuierliche bauliche Erweiterungen des Zentralwerks in der Schlachthofgasse möglich geworden, die alte Zentrale am Makartplatz aufzulassen und das schwer defizitäre „Elektricitäts-Hotel" an einen Käufer abzustoßen. Zudem erfolgte die Erweiterung der elektrischen Straßenbeleuchtung über die Grenzen der Stadt hinaus. Die Nachbargemeinde Maxglan etwa wurde erstmals am 9. Juli 1900 mit elektrischem Strom versorgt, während der Stromanschluss der Gemeinden Anif, Grödig und Morzg im Jahre 1903 und jener der Gemeinden Gnigl, Aigen und Freilassing/Salzburghofen im Jahre 1905 realisiert werden konnte. Itzling wurde im Jahre 1906 in das Salzburger Stromnetz integriert.[80]

4.2 Die Entwicklung der Elektrizitätswirtschaft in der ersten Hälfte des 20. Jahrhunderts

4.2.1 Der Zeitraum vor dem Ersten Weltkrieg

Am Beginn des 20. Jahrhunderts trat eine ständige Erweiterung des Anwendungsbereiches von elektrischem Strom auf; die Elektrizität diente nicht mehr nur Beleuchtungszwecken oder dem Betrieb des Altstadtaufzuges, sondern gelangte zudem für Straßenuhren, Scheinwerferbeleuchtungen, Annoncensäulen sowie fotografische Belange zur Verwendung. Die Beheizung der Dampfkesselanlagen in der Schlachthofgasse erfolgte zu einem großen Teil mit Torf, welcher aus Schallmoos und Kraiwiesen bezogen wurde. Dieser Brennstoff erwies sich gegenüber der früher gebrauchten Kohle als wesentlich kostengünstiger, was insbesondere auf den nahegelegenen Abbau und den damit verbundenen Entfall von Transportkosten zurückgeführt werden konnte.[81]

Trotzdem man sich in der glücklichen Lage wähnte, über eigene Brennstoffressourcen zu verfügen, orientierten sich längerfristige Strategien der Stromversorgung immer mehr in Richtung Wasserkraft. Dies hatte zur Folge, dass man im Jahre 1904 mit der Planung einer für damalige Verhältnisse großen Wasserkraftanlage im Wiestal begann. Der Baubeginn dieses Prestigeprojekts fällt jedoch erst in das Jahr 1909, da es in der Zwischenzeit zahlreiche Planungsmängel und politische Differenzen auszuräumen galt. Im selben Jahr kam es auch zu einer kleinen verkehrstechnischen Revolution, da sowohl die gelbe Stadtbahn als auch die rote Lokalbahn ihren elektrischen Betrieb aufnahmen. Als Bauherr der hydroelektrischen Anlage im Wiestal erhielt die Münchner Firma Sager & Woerner den Zuschlag, da sie für das gesamte Bauwerk einschließlich notwendiger Infrastruktur einen Betrag von 1,9 Millionen Kronen in Rechnung stellte.[82]

Abb. 43: *Das Umspannwerk in Salzburger Stadtteil Aigen (erb. 1911) zur Transformierung des aus dem Wiestal bezogenen elektrischen Stroms.*

Der Beginn der Straßenbauarbeiten in jenem damals noch wenig erschlossenen Tal erfolgte am 2. Dezember 1909, wohingegen mit den Sprengarbeiten für Sperrmauer und Druckstollen erst am 7. März 1910 begonnen wurde. Dem damaligen Zeitgeist entsprechend zog das Großprojekt eine Vielzahl von Bauarbeitern an, die sich mittels Schaufel und Spitzhacke ihr tägliches Brot verdienten. Etwa zeitgleich mit dem Wasserkraftwerk im Wiestal entstand in Aigen ein Umspannwerk, dessen Hauptaufgabe darin bestehen sollte, den aus der hydroelektrischen Anlage gelieferten Strom auf eine gebräuchliche Spannung herabzutransformieren (Abb. 43). Die Verlegung der entsprechenden Stromkabel wurde von den Siemens-Schuckert-Werken mit Sitz in Wien durchgeführt. Da die Baufirma Sager & Woerner ihren Kostenvoranschlag nicht einzuhalten gedachte und ständig Mehrkosten in Rechnung stellte, löste der Salzburger Gemeinderat im März 1912 den Vertrag mit besagtem Bauherrn und beschloss nach mehrwöchigen politischen Auseinandersetzungen, die Bauarbeiten in Eigenregie des Stadtbauamtes fortzuführen.[83]

Die Eröffnung des Wiestalwerkes erfolgte schließlich am 30. Oktober 1913, wobei allerlei städtische Prominenz ins Rampenlicht trat und jene hinter dem Projekt stehenden politischen Köpfe geehrt wurden. Selbst den nicht anwesenden, betagten Kaiser ließ man dreimal hochleben, wohingegen man sich um die eigentlichen Helden dieses Prestigeprojektes, die Arbeiter, kaum scherte. Das Krafthaus der hydroelektrischen Anlage enthielt drei Francis-Spiralturbinen mit einer Leistung von je 1280 PS, welche an Drehstromgeneratoren mit einer Leistung von jeweils 1260 kW gekoppelt waren. Durch den zusätzlichen, aus dem neuen Kraftwerk bereitgestellten elektrischen Strom war es nun möglich geworden, die Gemeinden Liefering, Gneis, Niederalm und St. Leonhardt an das Stromnetz anzuschließen, während das Leitungsnetz in Freilassing an einen Interessenten abgetreten wurde.[84]

4.2.2 Erster Weltkrieg und Zwischenkriegszeit

Die Jahre des Ersten Weltkrieges zeichneten sich vor allem dadurch aus, dass in der Elektrizitätsbranche ein signifikanter Personalmangel auftrat und deshalb die Anzahl der Hausinstallationen deutlich sank. Die dem Kriege dienliche Industrie hatte einen erhöhten Strombedarf und machte sich die im Wiestalwerk erzeugten Überschüsse an Elektrizität zunutze. Einer dieser industriellen Stromabnehmer war die Dr. Alexander Wacker-Gesellschaft in Burghausen, die durch eine über Piding und Bad Reichenhall verlaufende Stromleitung an die Salzburger Elektrizitätserzeugung angekoppelt war. Eine drastische Folge des Kriegsgeschehens war freilich, dass Kohle, welche für den Betrieb des Gaswerkes benötigt wurde, immer mehr zur Mangelware geriet. Nach dem Weltkrieg kamen die Kohlelieferungen und damit die Gasversorgung der Stadt schwer ins Stocken, wodurch elektrischer Strom trotz inflationärer Preise zum Energieträger Nummer Eins avancierte.[85]

Der infolge der stark steigenden Nachfrage entstandene Engpass hinsichtlich der Stromlieferungen sollte einerseits durch die Umstellung des Gleich-
stromnetzes auf Drehstrom und andererseits durch den Bau eines weiteren
Wasserkraftwerks in der Strubklamm kompensiert werden. Baubeginn dieses bislang größten Projekts der Salzburger Hydroelektrizitätswirtschaft
war der 18. Oktober 1920, wobei die Wiener Firma Pittel & Brausewetter
den Zuschlag für die Errichtung der Anlage erhielt. Bereits kurz zuvor hatte
die Gründung einer neuen Elektrizitätsgesellschaft, nämlich der „Salzburger
AG für Elektrizitätswirtschaft" (SAFE) stattgefunden. Während des Baus des
Strubklammwerks gab es in Salzburg phasenweise einen Elektrizitätsnot-
stand, der einen Teuerungszuschlag für Strom sowie die Verordnung verschiedener Stromsparmaßnahmen zur Folge hatte.[86]

Die in den frühen Jahren der Ersten Republik auftretende Hyperinflation
der Kronenwährung ließ die Salzburger Elektrizitätswerke in zunehmende
Kapitalnot schlittern, die nur durch die ständige Aufnahme neuer Kredite
gelindert werden konnte. Kapitalmangel und steigender Zinsdruck bewirk-
ten schließlich am 20. Dezember 1921 eine Einstellung der Bauarbeiten am
Strubklammwerk und die Entlassung von 400 Arbeitern. Die kriegsbedingte
Rezession und sukzessive Geldentwertung betrafen auch viele Beamte und
Gemeindebedienstete, die entweder monatelang auf ihre Gehälter verzich-
ten mussten oder überhaupt ihre Arbeit verloren.[87]

Ein Ende der Krise in der Salzburger Elektrizitätswirtschaft lässt sich in das
Jahr 1922 datieren und steht im Zusammenhang mit der Übernahme der
Betriebsführung der Städtischen Elektrizitätswerke Salzburg durch die
„Württembergische Elektrizitäts AG Stuttgart" (WEAG). Das hauptsächliche
Ziel der Gewährung ausländischer Einflussnahme in die heimische Strom-
ökonomie bestand darin, die Arbeiten am Strubklammwerk wieder aufzu-
nehmen und infolge der Bereitstellung einer stabileren Fremdwährung ständigen Kreditneuaufnahmen zu entgehen. Zum damaligen Zeitpunkt konnte
man noch nicht erahnen, dass es auch mit der deutschen Währung stetig
bergab gehen würde. Die Weiterführung des Strubklamm-Bauprojektes fällt
auf den 2. Jänner 1923. Bereits zu diesem Zeitpunkt erwies sich die Koope-
ration der Salzburger Gemeinde mit der WEAG als eine Fehlentscheidung,
wälzte die deutsche Aktiengesellschaft doch jegliches mit dem Bau der Anlage verbundene Risiko auf den Steuerzahler ab.[88]

Die Bauarbeiten am Krafthaus Strubklamm starteten am 5. September 1923
und standen unter der Leitung des deutschen Architekten Blankenhorn.

Gleichzeitig wurde das Überlandstromnetz kontinuierlich erweitert, was etwa die Einbeziehung der Ortsgebiete Söllheim und Au bei Hallein in die Elektrizitätsversorgung zur Folge hatte. In der Stadt Salzburg selbst wurde die Gasbeleuchtung zur Gänze durch eine elektrische Beleuchtung ersetzt. Das zunehmende Verkehrsaufkommen machte zudem die Installation elektrischer Verkehrssignalanlagen notwendig. Am 20. Dezember 1924 wurde das Strubklammwerk in einem feierlichen, von höchster politischer Prominenz bereicherten Akt eingeweiht und eröffnet. Das Großprojekt fand schließlich im Jahre 1927 nach Vollendung etlicher Restarbeiten, wozu unter anderem der Bau der Werkssiedlung und die Errichtung einer 25 kV-Leitungsverbindung zum Kraftwerk Wiestal zählten, seinen Abschluss.[89]

Das gesteigerte Angebot an elektrischer Energie ermöglichte bereits 1927 die Einbeziehung des Gaisberges, jenes für die Stadt Salzburg so wichtigen Erholungsortes, in das Stromversorgungsnetz. In den Gebirgsgauen entstand eine weitgehend autonome Versorgung einzelner Ortschaften und Tourismuszentren mit elektrischer Energie, wobei etliche Wasserkraftanlagen mit niedriger bis mittlerer Leistung errichtet wurden. Exemplarisch seien in diesem Zusammenhang das Kraftwerk am Wasserfall in Bad Gastein und das Bärenwerk im Fuscher Tal genannt. In der Stadt Salzburg und dem nahegelegenen Industriezentrum Hallein konnte in den 1920er Jahren ein stetig wachsender Bedarf an elektrischem Strom registriert werden, so dass man ab 1930 damit begann, den Hintersee in der Gemeinde Faistenau in die Wasserwirtschaft miteinzubeziehen. Dieser Prozess besaß auch deshalb eine gewisse Dringlichkeit, weil am Strubklamm-Stausee hohe Versickerungsraten des gespeicherten Wassers gemessen wurden, welche durch die vom Almbach zugeführten Wassermengen nicht kompensiert werden konnten. Ein eigens angelegter Weiher, der über ein Pumpensystem mit dem Wasser des Hintersees befüllt werden konnte, wurde über eine Holzrohrkonstruktion mit dem Stausee verbunden, um etwaige Engpässe hinsichtlich der Wasserversorgung des Kraftwerks abzuwenden.[90]

4.2.3 Zweiter Weltkrieg

Nach dem Anschluss Österreichs an Deutschland im Jahre 1938 wurde der Raum Berchtesgaden mittels eigener 25 kV-Leitung in das Salzburger Stromnetz eingebunden und mit der vornehmlich aus Wasserkraft stammenden elektrischen Energie versorgt. Im Kraftwerk Wiestal wurde daraufhin die Produktionskapazität durch Installation eines fünften Generators mit einer

Leistung von 5.600 kVA gesteigert. Der Beginn des Zweiten Weltkriegs hatte einen Mangel an Material und Arbeitskräften zur Folge, wodurch der Ausbau der notwendigen Verteilanlagen eine deutliche Einschränkung erfuhr. Als Höhepunkte der Elektrizitätswirtschaft in der Kriegszeit gelten der Bau des Umspannwerkes Maxglan und der Beginn der Errichtung des Saalachkraftwerkes in Liefering. Das letztgenannte Projekt diente nicht nur der Erzeugung von elektrischem Strom, sondern auch der Sicherung der stark gefährdeten Fundamente der strategisch wichtigen Eisenbahnbrücke nach Bayern. Bis zum Ende des Krieges war das Saalachkraftwerk aufgrund des eklatanten Material- und Personalmangels erst zu zwei Drittel fertiggestellt (Abb. 44). Obwohl gerade während der Kriegsjahre eine Steigerung des Strombedarfs einsetzte, jedoch die Mittel und Möglichkeiten für den erforderlichen Netzausbau fehlten, konnte die städtische und ländliche Versorgung mit elektrischer Energie einigermaßen bewältigt werden.[91]

Abb. 44: *Archivaufnahme des Kraftwerksbaus an der Saalach in der Zeit des Zweiten Weltkriegs.*

Gegen Ende des Jahres 1944 erlitt die Salzburger Elektrizitätswirtschaft einen schweren Rückschlag, da das Versorgungsnetz durch die zahlreichen Luftangriffe der Alliierten starke Beschädigungen und teilweise sogar seine vollständige Zerstörung erfuhr. Die städtischen Energiebetriebe hatten alle

Hände voll zu tun, um die zerstörten Leitungen zu reparieren und zumindest eine provisorische Stromversorgung zu garantieren. Das zentrale Werksgelände am Elisabethkai blieb von den Bomben ebenfalls nicht verschont und wurde schwer beschädigt. Trotz der zu Kriegsende im Mai 1945 herrschenden katastrophalen Verhältnisse gelang es, etwa zwei Drittel der Landeshauptstadt mit Strom zu versorgen.[92]

4.3 Die Salzburger Elektrizitätswirtschaft in der Nachkriegszeit

4.3.1 Die Stromversorgung in den Nachkriegsjahren

Nach der Gründung der Zweiten Republik im Jahre 1945 ging die für Salzburg gleichermaßen förderliche und mit Nachteilen behaftete Ära der WEAG zu Ende, wodurch sich die vorhandenen E-Werke zu einem kommunalen Unternehmen zusammenschließen konnten. Diese Erlangung der ökonomischen Autonomie hatte letztendlich zur Folge, dass bereits bis Ende Juli 1945 wieder alle Verbraucher mit elektrischem Strom versorgt werden konnten. Durch den Wiederaufbau der städtischen und ländlichen Infrastruktur kam es zu einem rapiden Anstieg des Energiebedarfs und, als Konsequenz dessen, zum Bezug von Fremdstrom durch einen Anschluss an das 110 kV-Netz in Bergheim.[93]

Nachdem der Bau des oben erwähnten Saalachkraftwerks gegen Kriegsende zum Stillstand gekommen war, wurden im Jahre 1946 die Arbeiten an der für die Salzburger Elektrizitätswirtschaft so bedeutenden Anlage wieder aufgenommen. Die Fertigstellung der Wasserkraftanlage erfolgte freilich unter widrigsten Bedingungen, da das Aufgebot an Arbeitskräften nach wie vor gering war und die Betreibergesellschaft zudem mit eklatanten finanziellen Problemen zu kämpfen hatte. Im Frühjahr 1950 konnten die ersten beiden der insgesamt drei Kraftmaschinen in Betrieb genommen werden. Die dritte Maschine nahm ein Jahr später die Stromerzeugung auf (Abb. 45).[94]

Die rechtliche Sicherstellung der Elektrizitätsbetriebe erfolgte durch das im Jahre 1947 verabschiedete zweite Verstaatlichungsgesetz, durch welches den E-Werken das bis dahin belieferte Versorgungsgebiet und der Weiterbetrieb der unterhaltenen Werke und Anlagen rechtmäßig zuerkannt wurde. Diese Absicherung bewog das Land Salzburg zum Ausbau und zur Modernisierung der vorhandenen Anlagen. Zudem wurde das Stromnetz an die Erfordernisse einer modernen Elektrizitätswirtschaft angepasst.[95]

Abb. 45: *Das Saalachkraftwerk am Grenzfluss zwischen Salzburg und Bayern nach seiner Fertigstellung im Jahre 1950.*

Für die oben angesprochene Verbesserung des Stromnetzes wurde nördlich der Stadt Salzburg das Umspannwerk Hagnau errichtet, welches nach seiner Inbetriebnahme im Jahre 1951 das Provisorium in Bergheim ablöste und dem „Inselbetrieb" des Stromnetzes in der Landeshauptstadt eine Ende setzte (Abb. 46). Ein Jahr zuvor war im Stadtzentrum bereits das sogenannte Umspannwerk Mitte erbaut worden, das eine wesentlich höhere elektrische Übertragungskapazität besaß und mit einer Transformatorleistung von 35 MAV sowie umfangreichen 30 kV-Schaltanlagen den damaligen Erfordernissen sehr gut gerecht werden konnte. Das Umspannwerk Mitte enthielt zudem die größte Rundsteueranlage Österreichs und wurde nach und nach mit den umliegenden Transformatorstationen verbunden.[96]

Am 3. Juli des Jahres 1950 erfolgte die Gründung der Salzburger Stadtwerke, welchen in weiterer Folge die städtischen Elektrizitätswerke eingegliedert wurden. Als erste unternehmerische Höhepunkte galten die Errichtung von Umspannwerken in Siezenheim und Lehen und die Inbetriebnahme des Heizkraftwerks Mitte mit seinem 10000 kVA-Generator. Das im Jahre 1956 eröffnete kalorische Kraftwerk sorgte in erster Linie dafür, dass die Eigenerzeugung von elektrischem Strom insbesondere in den Wintermonaten eine erhebliche Steigerung erfuhr. Im Jahre 1957 wurde in Nonntal ein weiteres Umspannwerk errichtet, welches eine signifikante Verbesserung der Stromversorgung in den südlichen Stadtteilen herbeiführte. Darüber hinaus konnten die städtischen Obuslinien ab nun flächendeckend mit elektrischer Energie versorgt werden, wodurch der öffentliche Verkehr insgesamt einen enormen Aufschwung erlebte. Im selben Jahr erfolgte auch der Anschluss Großgmains an das Stromnetz, und die Energiewirtschaft feierte ihr 70-jähriges Bestehen in der Stadt Salzburg. Ende der 1950er Jahre war aufgrund zahlreicher baulicher Bestrebungen die Vollelektrifizierung der Landeshauptstadt, der umliegenden Gemeinden und des größten Teils des Bundeslandes erreicht worden.[97]

Abb. 46: *Das Umspannwerk Hagenau (erb. 1951) nördlich der Stadt Salzburg.*

Für die Gewährleistung der inneralpinen Stromversorgung zeichnete unter anderem die sogenannte Tauernkraftwerke AG verantwortlich, welche das noch heute als bauliches Wahrzeichen des Landes geltende Kraftwerk Kaprun errichten ließ. Die Geschichte dieses aus insgesamt drei Stufen bestehenden Speicherkraftwerks geht in die 1920er Jahre zurück, als die Firma AEG in Berlin erste Ideen und Konzepte zu diesem Projekt vorstellte. Aufgrund der zu Beginn der 1930er Jahre herrschenden Wirtschaftskrise konnte die Realisierung der Pläne lange Zeit nicht durchgeführt werden. Erst nach dem Anschluss Österreichs an Deutschland wurden die Ideen von den

Nationalsozialisten wieder aufgegriffen und für deren propagandistische Zwecke genutzt. Da sich die Arbeiten im Hochgebirge als äußerst schwierig erwiesen und umfangreiche geologische Vorerkundungen des Geländes notwendig waren, erfuhr der eigentliche Baubeginn eine zunehmende Verschleppung. Für die Zufahrtswege zur künftigen Baustelle mussten kleinere Brücken errichtet werden. Auch der Bau der Unterbringungen von Ingenieuren und Arbeitern und die Installation einer Materialseilbahn kosteten etliche Zeit. Die unter dem nationalsozialistischen Regime durchgeführten Bauarbeiten forderten unter den unzureichend ausgerüsteten und schlecht ernährten Zwangsarbeitern zahlreiche Opfer. Aufgrund des Mangels an Maschinen und geeigneten Ingenieuren entwickelten sich die Bauarbeiten nur sehr schleppend. Nachdem Rüstungsminister Speer die Zwangsarbeiter wegen stark erhöhten Bedarfs in die Rüstungsindustrie verlegen hatte lassen, gelangte das Bauprojekt 1942/43 endgültig zum Stillstand.[98]

Der eigentliche Baubeginn der Wasserkraftanlage in Kaprun kann mit dem 8. September 1948 angegeben werden, als der Startschuss für die Betonierung der Limbergsperre fiel. Bereits ein Jahr zuvor konnte unter Mitwirkung der Vereinigten Staaten die Finanzierung des Großprojektes gesichert werden. Von österreichischer Seite wurde hoher Wert auf eine möglichst rasche Realisierung der Anlage gelegt, da man deren hohen propagandistischen Wert für die Wiederaufbaudynamik der Zweiten Republik erkannt hatte. Die USA schossen nicht nur enorme Geldsummen aus dem Marshall-Plan in dieses Projekt, sondern stellen auch zahlreiche Baumaschinen, darunter den legendären „Erie-Bagger" zur Verfügung. Obwohl man auf amerikanischer Seite zunächst an der Wirtschaftlichkeit des Oberstufenkraftwerks (Mooserboden) zweifelt und die finanzielle Unterstützung für dessen Bau versagte, hielt Österreich mit aller Vehemenz an dem Projekt fest und konnte seinen transatlantischen Partner schließlich umstimmen. Am 23. September 1955 wurde das Kraftwerk Kaprun mit einer Gleichenfeier in Betrieb genommen (Abb. 47).[99]

Der Kraftwerkskomplex, welcher mit seinen einzelnen Stufen nahezu einer Gigawattanlage entspricht, wurde bis zum Jahr 2011 einer stetigen Modernisierung und Erweiterung unterzogen. Als vorläufig letzte bauliche Errungenschaft gilt das Pumpspeicherkraftwerk Limberg II, das von 2007 bis 2010 parallel zum Kraftwerk Limberg (Baujahr 1955) errichtet wurde und eine Maximalleistung von 480 MW zu erbringen vermag. Trotz seiner nationalsozialistischen Vergangenheit gilt das Kraftwerk Kaprun bis zum heutigen Tage als ein Sinnbild des Sieges der Menschheit über die Natur und hat nichts von seinem mythischen Glanz verloren.

Abb. 47: *Das Kraftwerk Kaprun während der Eröffnungsfeier im Jahre 1955.*

4.3.2 Entwicklung der Elektrizitätswirtschaft von den 1960er Jahren bis zur Jahrtausendwende

Nachdem das Hochwasser des Jahres 1959 den Einsturz der Autobahnbrücke im Norden der Stadt und die Unterbrechung wichtiger Kabelstrecken zur Folge gehabt hatte, wurden mit dem Beginn der 1960er Jahre eine Erneuerung und ein Ausbau des Stromnetzes ins Auge gefasst. Dieser Schritt war auch deshalb notwendig geworden, weil größere neue Stromabnehmer am Energiemarkt auftraten. Bereits im Jahre 1960 wurde die bis dahin durch eine Schwerkraftmechanik betriebene Festungsbahn vollständig elektrifiziert; zugleich wurde die Umschaltung des Netzes von 125 V auf die heute gebräuchlichen 220 V beziehungsweise 380 V abgeschlossen.[100]

Der insbesondere in den 1960er Jahren zu verzeichnende wirtschaftliche Aufschwung führte zu einem stetig steigenden Strombedarf, welchen man nicht mehr durch Eigenproduktion decken konnte. Die Stadt Salzburg war auf den Zukauf von elektrischer Energie angewiesen und musste dafür eine entsprechende Anpassung der Netzinfrastruktur vornehmen. Im Jahre 1962 nahm das 220/110 V-Umspannwerk Salzach in Hagenau seinen Betrieb auf. Die innerstädtischen Umspannwerke wurden zudem von 3 auf 6 kV umgeschaltet. Um der Nachfrage nach elektrischer Energie besser gerecht werden zu können, wurde im darauffolgenden Jahr der Generator 2 des Heizkraftwerks Mitte in Betrieb genommen. Bis zum Ende der Dekade wurde das Stadtbild noch durch etliche Umspannwerke und Trafostationen ergänzt. Die als hauptsächliche Stromlieferanten geltenden Kraftwerke in Hintersee/Strubklamm und im Wiestal wurden nach ausführlichen Sanierungsarbeiten modernisiert, wodurch eine nochmalige Effizienzsteigerung erreicht werden konnte. Am Ende der Dekade näherte sich die Stromaufbringung in der Stadt Salzburg der 500000000 kWh-Marke, und die Spitze der Netzlast erreichte knapp 80000 kW. Diese Entwicklung machte einen Stromlieferungsvertrag mit der Landesgesellschaft notwendig, welcher eine 30-jährige Laufzeit vorsah.[101]

In den 1970er Jahren wurden infolge des nach wie vor starken Wirtschaftswachstums jährliche Zuwächse des Stromverbrauchs von 5 bis 10 % verzeichnet. Diese stetig zunehmende Elektrifizierung, die vor allem neu angesiedelte Gewerbebetriebe betraf, konnte nur durch eine neuerliche Erweiterung und Modernisierung des Versorgungsnetzes bewältigt werden. In der Vogelweiderstraße wurde ein neues Areal für den Bau von Werkstätten und Betriebsgebäuden erschlossen. Zudem erfolgte eine Neuplanung des Kraftwerks Wiestal, welches sich nach jahrzehntelangem Betrieb als nicht mehr zeitgemäß erwies. Unterhalb des Kraftwerksgeländes begann man mit dem Bau eines Ausgleichsbeckens, das seinerseits wiederum als Stausee für eine weitere hydroelektrische Anlage dienen sollte. Die Errichtung des neuen Kraftwerks Wiestal fällt großteils in die zweite Hälfte der 1970er Jahre, wobei zunächst der Abbau der Altanlage vorzunehmen war. Dieser gestaltete sich relativ aufwendig und wurde teilweise durch gezielte Sprengarbeiten beschleunigt. Für den Bau der neuen Druckwasserleitung mit zugehörigem Stollen musste der Wiestalsee zunächst größtenteils entleert und nach Beendigung der Arbeiten wieder mit Wasser aufgefüllt werden. Nach Restarbeiten erfolgte die Eröffnung des neuen Werks im Jahre 1978 (Abb. 48).[102]

Abb. 48: *Maschinenhalle und Verwaltungsgebäude des neuen Kraftwerks Wiestal, welches im Jahr 1978 in Betrieb gestellt wurde.*

Nach der Modernisierung des für die Stadt Salzburg und seine Umgebung essenziellen Kraftwerks Wiestal folgte ab den 1980er Jahren die Neukonzeption des Kraftwerks Strubklamm. Diese längst notwendig gewordene Modernisierung sah den Bau eines direkten Wasserstollens vom Hintersee zum Strubklammwerk vor, welcher 1980 auch wasserrechtlich bewilligt wurde. Die Errichtungsarbeiten der neuen Anlage konzentrierten sich zunächst auf den 4,4 km langen Stollen, dessen Vortrieb am 9. Juli 1981 in Angriff genommen wurde. Im Herbst desselben Jahres wurde mit dem Bau des Einlaufwerks am Hintersee begonnen, welches nach etwa siebenmonatiger Bauzeit fertiggestellt werden konnte. Am 15. Juni des Jahres 1982 war die Verbindung zwischen Speichersee und künftigem Kraftwerk zur Gänze hergestellt. Weitere Komponenten der neuen Anlage wie Krafthaus, Horizontalstollen, Schrägschacht, Wasserschloss und Schalthaus konnten termingerecht realisiert werden, so dass am Ende des Jahres 1983 die Inbetriebnahme des neuen Kraftwerkskomplexes erfolgte (Abb. 49).[103]

Abb. 49: *Das in den Jahren 1981 bis 1983 neu errichtete Strubklamm-Kraftwerk mit deutlicher Leistungssteigerung gegenüber der alten Anlage.*

In die 1990er Jahre fallen zahlreiche Modernisierungs- und Ausbaumaßnahmen zur Aufrechterhaltung und Verbesserung der urbanen und ruralen Stromversorgung. Als ein Höhepunkt dieses Jahrzehnts, welches nicht mehr so hohe Stromverbrauchszuwächse wie die 1970er Jahre verzeichnete, zählt sicherlich die Erneuerung des Heizkraftwerks Mitte in der Stadt Salzburg. Dieser aufgrund seiner Architektur vielfach in der Kritik stehende, hochmoderne Bau nahm im Jahre 2001 seinen Betrieb auf und prägt seitdem das Bild der Elisabeth-Vorstadt. Rein technisch gesehen handelt es sich hier um ein kalorisches Kraftwerk mit einer jährlichen Stromerzeugung von 262020 MWh und einer Engpassleistung von 127000 kW.[104]

4.2.3 Neueste Entwicklungen in der Salzburger Elektrizitätswirtschaft

Aktuelle Entwicklungen der Energieerzeugung in Stadt und Land Salzburg stehen wiederum in enger Verbindung mit der vermehrten Nutzung von Wasserkraft. Exemplarischen seien in diesem Zusammenhang die Neuerrichtung des Kraftwerks Gamp in Hallein (2007), der Bau des Kraftwerks Wiestal Ausgleichbecken (2005), der Bau des Kraftwerks Werfen-Pfarrwerfen (2009) und die Realisierung des Kraftwerks Sohlstufe (2013) in Salzburg-Lehen genannt.

Die letztgenannte Anlage soll im Rahmen dieser historischen Zusammenschau einer näheren Charakterisierung unterzogen werden, da sie für die Landeshaupthaupt von großer ökonomischer Bedeutung ist. Das Laufkraftwerk verfügt über ein Einzugsgebiet von insgesamt 4,43 km^2, wobei das Wasser vor Durchlauf durch die Turbinen eine Fallhöhe von 6,60 m zu bewältigen hat. Die Jahreserzeugung der hydroelektrischen Anlage ist mit 81000 MWh zu beziffern, und die Engpassleistung beträgt 13,70 MW. Das durch seine spektakulär gestaltete Wehranlage für Aufmerksamkeit sorgende Kraftwerk vermag insgesamt 23000 Haushalte in den Stadtteilen Lehen, Liefering und Itzling mit Strom zu versorgen. Zudem stellt es einen essenziellen Bestandteil des Hochwasserschutzes der Landeshauptstadt dar (Abb. 50).[105]

Abb. 50: *Das im Jahre 2013 fertiggestellte Laufkraftwerk Sohlstufe Lehen.*

Das Bärenwerk machte im Pinzgau den Raum um Zell am See zu einem der am besten elektrifizierten Gebiete Österreichs. (Salzburg AG)

Kapitel 5

Alte Hydroelektrizitäts-anlagen im Raum Salzburg

5.1 Einige Vorbemerkungen

Wie bereits in anderen wissenschaftlichen Abhandlungen festgehalten werden konnte, galt der Salzburger Raum in Bezug auf Industrialisierungsbestrebungen als eher rückständig. Erst mit der Eröffnung der Kaiserin-Elisabeth-Westbahn im Jahre 1860 erfolgte ein vermehrter Kapitalfluss in die Landeshauptstadt, welcher die Wirtschaft nachhaltig anzukurbeln vermochte und in manchen Produktionssektoren eine industrielle Massenproduktion einsetzen ließ. Von diesem ökonomischen Aufschwung wurde vor allem das Brauereigewerbe mit seinen traditionellen Produktionsstätten in Stadt und Land Salzburg erfasst. Lokale Industrialisierungstendenzen konnten zudem für das Müllereigewerbe, die Lebensmittelgewerbe, die Baustoffproduktion, die Papiererzeugung, die Eisen- und Stahlproduktion und die Aluminiumgewinnung verzeichnet werden. Auch die Salzgewinnung und der Bergbau präsentierten sich mit teils sehr groß dimensionierten Produktionsstätten. Die in der zweiten Hälfte des 19. Jahrhunderts einsetzende und insbesondere an der Wende vom 19. zum 20. Jahrhundert spürbare Industrialisierung ging mit einer zunehmenden Elektrifizierung der Betriebe einher, wodurch die immer größere Notwendigkeit des Baus von Kraftwerken entstand.

Das Bundesland Salzburg mit seiner Landeshauptstadt und seinen insgesamt fünf Bezirken verfügt über eine nicht zu unterschätzende historische Kraftwerkslandschaft. Neben dem Bau von kalorischen Kraftwerken, welche hier nicht weiter von Interesse sind, begann man ab dem Ende des 19. Jahrhunderts fortwährend mit der Nutzung der regenerativen Hydroenergie. Während elektrischer Strom zu Beginn dieser Pionierphase noch als Luxusgut aufgefasst wurde und lediglich für Beleuchtungszwecke oder zum Betrieb industrieller Maschinen genutzt wurde, trat am Anfang des 20. Jahrhunderts ein gewisser struktureller Wandel auf, da von privater Seite ein immer stärkeres Interesse an der Errichtung von Kleinstkraftwerken bekundet wurde. Dieser Prozess führte letztlich dazu, dass noch vor dem Ersten Weltkrieg mehrere tausend Kleinproduzenten von elektrischem Strom existierten. Erst der Bau von großen hydroelektrischen Anlagen und die damit in Verbindungen stehenden sukzessiven Erweiterungen des Stromnetzes und Senkungen des Strompreises machten diese Kleinbetriebe unrentabel und führten zu deren vermehrter Stilllegung.

In den nachfolgenden Abschnitten sollen insgesamt 15 hydroelektrische Anlagen unterschiedlicher Dimension, welche für den Raum Salzburg eine gewisse historische Relevanz besitzen, zur näheren Betrachtung gelangen. Die jeweiligen Standorte und Bezeichnungen dieser Kraftwerke sind in der untenstehenden Karte zusammengefasst. Dabei fällt auf, dass sich in den Gebirgsgauen einige bedeutende Kraftwerksstrukturen erhalten haben, welche zum großen Teil noch heute in Betrieb stehen (Abb. 51).

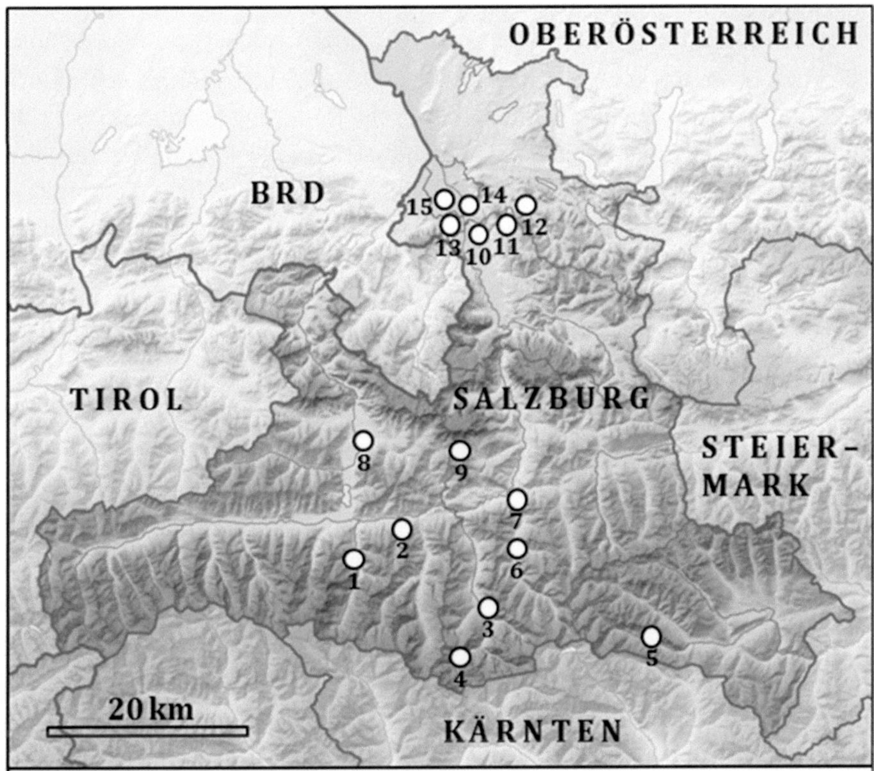

Abb. 51: Geografische Lage aller im Rahmen dieses Buches erörterten historischen Kraftwerke. Die Karte gibt sehr klar zu erkennen, dass in den Gebirgsgauen mit dem Beginn des 20. Jahrhunderts eine zunehmende Elektrifizierung einsetzte.

5.2 Das Flusskraftwerk Bärenwerk im Pinzgau

5.2.1 Historischer Überblick

Der Pinzgau gilt als Salzburger Pionierregion in Bezug auf die Erzeugung von elektrischem Strom. Dieser bedeutende Sachverhalt lässt sich damit begründen, dass man im Untertagebergbau der Hohen Tauern eine möglichst rasche Elektrifizierung der Beleuchtung herbeiführen wollte. Bereits vor dem Jahre 1881 war es dem Rauriser Goldbergwerksbesitzer Ignaz Rojacher gelungen, mit einem einfachen Wasserrad Lichtstrom „im continuirlichen Betriebe" zu erzeugen. Diese technische Neuerung bedingte einen sukzessiven Aufschwung der Elektrizitätsindustrie in der Region; bis zur Jahrhundertwende errichteten Hoteliers sowie das zum damaligen Zeitpunkt in einer Konjunkturphase befindliche Aluminiumwerk Lend eigene Anlagen zur Erzeugung von elektrischem Strom. Der stetig steigende Energiebedarf im Pinzgau hatte freilich zur Folge, dass bereits in den Jahren 1902 und 1905 ortseigene Wasserkraftwerke in Niedernsill und Saalfelden entstanden (Abb. 52).

Das erste Großkraftwerk der Region wurde nach dem Ersten Weltkrieg in Angriff genommen und gelangte in den Jahren 1920 bis 1924 im Fuscher Tal direkt neben der Fuscher Ache zur Errichtung. Die als „Fuscher Bärenwerk" bezeichnete Hydroelektrizitätsanlage galt als erste landeseigene Großanlage zur Stromerzeugung und bewirkte zudem, dass der Raum Zell am See mit einem Schlag zu einem der am besten elektrifizierten Gebiete der noch jungen Republik Österreich avancierte. Da die im Werk erzeugte elektrische Energie zum damaligen Zeitpunkt klarerweise ein Luxusgut darstellte, hatte man zu Beginn noch mit erheblichen Absatzproblemen zu kämpfen. Nach dem Zweiten Weltkrieg kam es infolge des Wirtschaftsaufschwungs zu einem permanenten Anstieg des Strombedarfs, wodurch die anfänglichen ökonomischen Probleme des Bärenwerks praktisch über Nacht beseitigt wurden. Auch heute hängt die Anlage noch als essenzieller Stromproduzent am Netz und gilt als Repräsentant einer ökologischen und umweltschonenden Stromerzeugung durch Wasserkraft, welche die umgebende Landschaft keinen signifikanten anthropogenen Belastungen aussetzt (Abb. 53).[106]

5.2.2 Bau und Beschreibung des Fuscher Bärenwerks

Die vierjährige Errichtungszeit des Kraftwerks war in den Jahren 1922 und 1923 wegen Kapitalmangels durch Unterbrechungen gekennzeichnet. Die Geldnot hatte beinahe ein vollständiges Erliegen der Bauarbeiten und eine

Stornierung des Projekts zur Folge. Nur durch das Verhandlungsgeschick des damaligen Bundeskanzlers Dr. Ignaz Seipel gelang es schließlich, genügend finanzielle Mittel zu lukrieren und somit die Fertigstellung der Wasserkraftanlage zu garantieren. Als Initiator des Bauprojekts trat der damalige Salzburger Landeshauptmann Franz Rehrl auf. Am 22. September 1924 erfolgte der Anschluss des Kraftwerks an das damals noch eher bescheidene Stromnetz. Die in der Anlage installierten Generatoren stammten allesamt von der Firma Siemens, welche sich sukzessive auf dem heimischen Markt zu etablieren begann und zu dieser Zeit bereits etliche Großaufträge für sich verbuchen konnte. Die an der Inbetriebnahme des Kraftwerks beteiligten Personen feierten die regionale Etablierung der Elektrizitätsindustrie bei einer Flasche Wein, die in der Warte getrunken wurde. Gleichzeitig wurde die Vereinbarung getroffen, eine dauerhafte Belieferung des Netzes mit elektrischem Strom ab dem 20. Dezember desselben Jahres zu garantieren. Das Bärenwerk wies gegenüber vergleichbaren Hydroelektrizitätsanlagen einige Innovationen auf; so wurden erstmals Teile der Druckrohrleitung verschweißt, der Rest wurde genietet. Der Bau des die Wasserleitung beherbergenden Stollens erforderte insgesamt 60000 kg Dynamit, wobei die letzte Sprengung unter Anwesenheit politischer Prominenz erfolgte und durch die kleine Tochter Franz Rehrls zur Auslösung gebracht wurde. Da man zum damaligen Zeitpunkt noch Zündanlagen mit offenen Kontakten und blanken Drähten verwendete und somit erhebliche Gefahr eines Funkenflugs bestand, waren die anwesenden Elektrofachleute in großer Sorge um das Mädchen.[107]

Die Übergabe des Bärenwerks an die Gemeinde Fusch wurde in hochoffiziellem Rahmen am 1. Januar 1925 vollzogen; am 24. Januar kam es nochmals zu einer vor allgemeinem Publikum durchgeführten Eröffnung, welche im Grandhotel Bad Fusch gefeiert wurde. Noch im selben Jahr wurden die Ingenieure des Werks mit dem ersten Betriebsunfall konfrontiert, als ein zu schneller Stopp der Anlage einen ungewöhnlichen Druckanstieg hervorrief und das Platzen eines 700 mm-Rohres zur Folge hatte. Man wurde sich zum damaligen Zeitpunkt erst nach und nach der Gefahren und notwendigen Sicherheitsvorkehrungen beim Betrieb eines Großkraftwerks bewusst. Der Pinzgau selbst galt in der Anfangsphase des Bärenwerks freilich nur als unbedeutender Stromabnehmer, weshalb man den Großteil der produzierten Elektrizität zu minimalen Preisen nach Oberösterreich verkaufte. Im Jahre 1929 wurde die Anlage durch einen Personalbau erweitert.

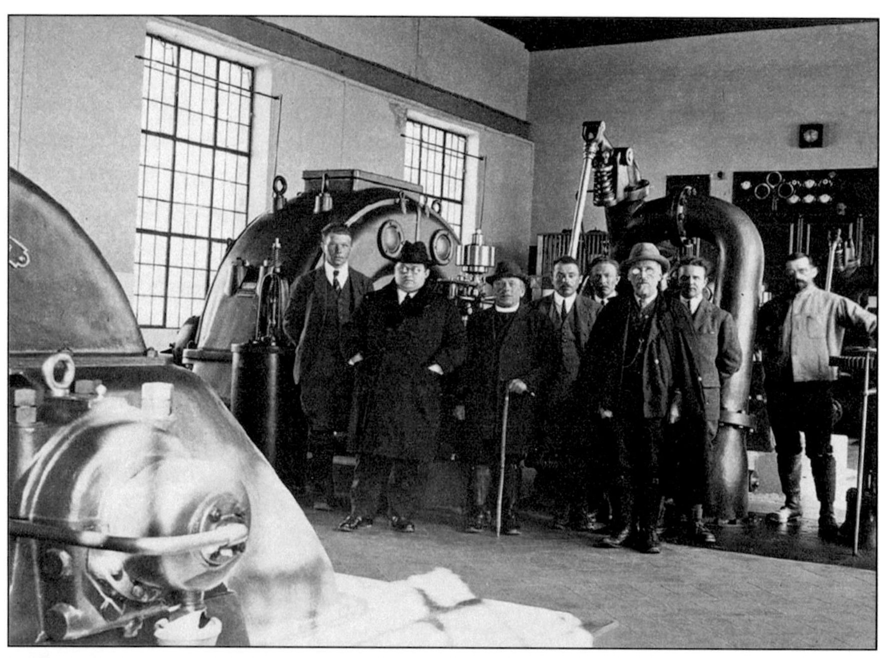

Abb. 53: *Gruppenbild zur inoffiziellen Eröffnung des Bärenwerks in der Gemeinde Fusch am 22. September des Jahres 1924. Bereits wenige Monate später war die Anlage an das damals noch bescheidene Stromnetz angeschlossen.*

Nach dem Zweiten Weltkrieg wurde Österreich von einem bemerkenswerten wirtschaftlichen Aufschwung erfasst, welcher eine Stromerzeugung im industriellen Ausmaß notwendig machte. Um der dramatisch gestiegenen Nachfrage nach elektrischer Energie gerecht werden zu können, mussten am Werk etliche Umbauten vorgenommen werden. Größere Umbauarbeiten erfolgten dabei in den Jahren 1954 bis 1956, als man eine Erhöhung von Wehranlage und Fallhöhe bewirkte, einen Tagesspeicher schuf und zudem das Werk im Schwellbetrieb einsetzte. Indem man sich zusätzlich der kinetischen Energie des nahen Weichselbaches bediente und einen stärkeren Maschinensatz einbaute, konnte man eine signifikante Leistungssteigerung der hydroelektrischen Anlage erzielen. Seit dem Jahr 1992 kann das Bärenwerk vollautomatisch von der Kraftwerks-Einsatzzentrale der Salzburg AG in der Landeshauptstadt gesteuert werden.[108]

5.2.3 Architektur, Leistung und Modernisierung des Bärenwerks

Hinsichtlich ihrer Architektur nimmt sich die Anlage im Vergleich zu anderen Wasserkraftwerken eher bescheiden aus. Das hier interessierende Hauptgebäude setzt sich aus einem Längstrakt mit Satteldach und stufenförmigem Frontgiebel und einem quer dazu orientierten, deutlich erhöhten Trakt zusammen, welcher ebenfalls über Satteldach und charakteristische Giebelform verfügt. Die in den Längstrakt eingesetzten Fenster sind sehr groß dimensioniert und erinnern gemeinsam mit den die Zwischenräume erfüllenden Pilasterornamenten an die Fabrikarchitektur des 19. Jahrhunderts. Die klassizistische Formgebung der Giebel lässt ebenfalls Anklänge an frühere Architekturphasen erkennen, gilt jedoch im Kraftwerksbau der Jahrhundertwende und nachfolgenden Dekaden als durchaus verbreitetes Zierelement. Ein sich an den Quertrakt anschmiegender Bau weist ein älteres Entstehungsdatum als die übrige Struktur auf und zeichnet sich durch sein einfaches Schrägdach und seine architektonische Schlichtheit aus (Abb. 53, 54).

Die technischen Daten des noch heute in Betrieb befindlichen Kraftwerks entsprechen für österreichische Verhältnisse denen einer mittelgroßen hydroelektrischen Anlage. Generell handelt es sich hier um ein sogenanntes Ausleitungswerk im Schwellbetrieb, welches über ein Gesamteinzugsgebiet von $82{,}1\ km^2$ verfügt und eine durchschnittliche Jahreserzeugung von 56900 MWh aufweist. Das oben beschriebene Maschinenhaus enthält 2 Peltonturbinen mit horizontalen Wellen, von denen die erste zweidüsig ist und eine Gesamtleistung von 4480 kW zu erbringen vermag. Die zweite Kraftma-

Abb. 54: *Fotografie des Bärenwerks mit linkem Haupttrakt (Maschinenhalle), mittlerem Quertrakt und rechtem Anbau von der Bundesstraße aus.*

Abb. 55: *Darstellung des Haupttraktes mit seiner klassizistischen Architektur.*

schine repräsentiert hingegen eine vierdüsige Zwillingsturbine mit einer Gesamtleistung von 5194 kW. Die Fallhöhe des Wasser vom Speichersee zur hydroelektrischen Anlage beträgt exakt 291,16 m, wobei der in Ferleiten situierte Speicher (1131,54 m ü. d. M.) einen Nutzinhalt von 14500 m^3 aufweist. Der sogenannte Triebwasserweg, welcher dem Abstand zwischen Speicher und Kraftwerk entspricht, bemisst sich auf exakt 1510 m. Der in der Druckleitung gemessene Durchfluss beträgt 4,3 m^3/s und führt zu Stromleistungen der beiden Generatoren von 6000 beziehungsweise 7500 kVA. Die Ableitung des Stroms in das Netz der Salzburg AG erfolgt über zwei 30 kV-Leitungen.[109]

Im Jahre 2011 starteten die Sanierungs- und Modernisierungsarbeiten am Bärenwerk. Diese beinhalteten insbesondere eine Erneuerung des Triebwasserganges, den Abbau der zwei alten oberirdischen Druckrohrleitungen und eine bessere Einbindung des Speichersees in die natürliche Umgebung durch entsprechende Renaturierungsmaßnahmen. Die Erneuerung der zuführenden Wasserleitung hatte eine Erhöhung der Kraftwerksleistung von 11,6 auf 14,9 MW zur Folge, wodurch 19500 anstatt der bisherigen 16500 Haushalte mit Strom versorgt werden konnten. Durch den Rückbau der beiden oberirdischen Druckrohrleitungen entstand ein freies, 8000 m^2 großes Areal, welches als Weidefläche genutzt wurde. Die Neueröffnung des Wasserkraftwerks erfolgt in einem feierlichen Rahmen am 11. September 2015.

5.3 Das Flusskraftwerk Kitzloch in Taxenbach

5.3.1 Geschichte des Kraftwerks

Die an der Wende vom 19. zum 20. Jahrhundert vermehrt einsetzende Industrialisierung der Salzburger Innergebirgsgaue hatte einen erhöhten Strombedarf einzelner Betriebe zur Folge, welcher anhand kleinerer bis mittelgroßer Flusskraftwerke gedeckt werden sollte. Eine dieser Anlagen befindet sich unterhalb der Kitzlochklamm in Taxenbach (Pinzgau) und zählt zu den ältesten hydroelektrischen Strukturen Österreichs. Die Erbauung des Kraftwerks erfolgte bereits zu Beginn des 20. Jahrhunderts durch die in der Schweiz ansässige Aluminium-Industrie-Aktiengesellschaft Neuhausen. Im Jahre 1903 wurde die Anlage in Betrieb genommen, um die Aluminiumhütte im nahegelegenen Lend mit Strom zu versorgen. Da man schon zu Betriebsbeginn etliche Engpässe bezüglich der Zufuhr von elektrischer Ener-

Abb. 56: *Kraftwerk Kitzloch (erb. 1903) am Ausgang der gleichnamigen Klamm in Taxenbach (Pinzgau).*

Abb. 57: *Staumauer und Stollenportal unterhalb der Kitzlochklamm.*

gie an die Produktionsstätte verzeichnen musste, kam es im Jahre 1904 zu einer signifikanten Erweiterung der Wasserkraftanlage, so dass schließlich eine Maschinenleistung von 8000 PS erreicht werden konnte. Das Flusskraftwerk Kitzloch nutzt das Wasser der Rauriser Ache und versorgt das Aluminiumwerk Lend (Salzburger Aluminium AG) bis zum heutigen Tage mit elektrischem Strom. Als gegenwärtiger Besitzer der Anlage gilt die Achen Kraftwerke AG in Lend, welche in den vergangenen Jahren eine weitere Modernisierung der beinahe 120 Jahre alten Struktur in die Wege geleitet hat. Die Aluminiumhütte in Lend war im frühen 20. Jahrhundert nicht nur ein Pionierbetrieb in Hinblick auf die Elektrifizierung der Salzburger Industrie, sondern war auch wegweisend bei der Arbeiterfürsorge. Neben einem ausgedehnten Bau von noch heute bestehenden Werkswohnungen war man auch um die Grundversorgung der arbeitenden Menschen bemüht, weshalb es innerhalb des Betriebsgeländes zur Eröffnung eines Lebensmittelgeschäfts kam (Konsum) kam.[110]

5.3.2 Architektur und technische Daten des Kraftwerks

Die hydroelektrische Anlage ist direkt an der in diesem Bereich regulierten Rauriser Ache gelegen und präsentiert sich in Form eines länglichen Bauwerks mit Satteldach und großen portalartigen Fenstern. Einzelne klassizistische Elemente deuten auf die für österreichische Verhältnisse sehr frühe Entstehungszeit der Struktur hin. Das aus architektonischer Sicht eher bescheiden gestaltete Maschinenhaus wird in nördlicher Richtung von etlichen Anbauten abgelöst, welche im Zuge der Modernisierungsphasen entstanden sind und über keinerlei repräsentative Wirkung verfügen (Abb. 56). Oberhalb des Kraftwerks befinden sich die Staumauer und das Stollenportal (Abb. 57), von dem aus das Wasser über eine Druckleitung zu den einzelnen Turbinen geführt wird. Die in der engen Kitzlochklamm durchgeführten Bauarbeiten erwiesen sich teilweise als relativ schwierig, da man eigene Zugangspfade für Arbeiter und Gerät in den Fels schlagen musst. Die Zeugnisse dieser beschwerlichen sind noch heute gut sichtbar.

Nach seiner Modernisierung im Jahre 1954 verfügte das Flusskraftwerk Kitzloch über eine Druckrohrleitung mit einer Länge von 765 m, in welcher eine Wassermenge von 8 m^3/s befördert werden konnte. Die Gesamtfallhöhe des zugeführten Wassers bemaß sich auf 221,5 m, und die pro Jahr zur Verfügung gestellte elektrische Leistung betrug 90000 MWh, was einer mittleren Turbinenleistung von 25 MW entsprach.[111]

5.4 Das Kraftwerk am Wasserfall in Bad Gastein

5.4.1 Einige Bemerkungen zur Geschichte des Kraftwerks

Das Kraftwerk am Wasserfall in Bad Gastein gilt in mehrerlei Hinsicht als eine industriearchäologische Besonderheit. Einerseits zählt es mit seiner Errichtung im Jahre 1914 zu den ältesten hydroelektrischen Anlagen des Bundeslandes Salzburg. Andererseits zeichnet es sich durch seine schlichte, aber dennoch sehr eindrucksvolle Jugendstilarchitektur aus, welche es zu einem einzigartigen Monument innerhalb der so geschichtsträchtigen Ortschaft geraten lässt.

Das Kraftwerk ist an der Gasteiner Ache direkt an der untersten Stufe des berühmten Gasteiner Wasserfalls gelegen und befindet sich zudem in der Nähe der ebenfalls bekannten Elisabethquelle. Etwas oberhalb der Anlage steigen die imposanten Belle Époque-Bauwerke des Ortzentrums empor, während links an das Kraftwerk Hotelbauten und die Preimskirche anschließen.

Das Kraftwerk am Wasserfall steht freilich nicht am unmittelbaren Anfang der Elektrifizierung Bad Gasteins. Bereits im Jahre 1886 wurde der einstige Weltkurort mit einer elektrischen Beleuchtung versehen und avancierte dadurch zu einer der technisch modernsten Ortschaften ganz Europas. Das den notwendigen Strom erzeugende Kraftwerk verfügte noch über eine Thermalwasserhebemaschine und befand sich zudem im Besitz des Kaisers Franz Joseph I. Als diese Anlage nach relativ kurzer Zeit nicht mehr zur Deckung des örtlichen Energiebedarfs für die Beleuchtung befähigt war, wurde durch die Gemeinde im Jahre 1895 das Kraftwerk „Sonnenwende" bei der Hohen Brücke am oberen Wasserfall errichtet.[112]

Im Jahre 1914 wurde schließlich die hydroelektrische Anlage am unteren Wasserfall in Angriff genommen. Für die Planung des Bauwerks zeichnete Leopold Führer, ein Schüler Otto Wagners, verantwortlich. Für die Erzeugung des elektrischen Stroms sorgten drei in der Maschinenhalle installierte Francisturbinen. Während die ersten beiden Turbinen eine elektrische Leistung von jeweils 640 kVA verzeichneten und aus dem Jahr der Inbetriebnahme der Anlage stammten, erbrachte die dritte im Jahre 1923/24 aufgestellte Kraftmaschine eine Leistung von 940 kVA. Das für den störungsfreien Betrieb der Turbinen notwendige Wasserreservoir wurde oberhalb des Wasserfalls errichtet und stand über eine entsprechende Druckleitung mit der Anlage in Verbindung. Das Kraftwerk vermochte über die kommenden Jahrzehnte hinweg die Stromversorgung der Ortschaft sicherzustellen.[113]

Abb. 58: *Hinterfront des Kraftwerks am Wasserfall mit Resten einer dem Jugendstil zuzuordnenden Ornamentik.*

Abb. 59: *Vorderseite des ehemaligen Kraftwerks in Bad Gastein mit großem gläsernen Rundportal und Walmdachkonstruktion.*

Abb. 60: *Blick in die Maschinenhalle des Kraftwerks am Wasserfall mit den stromerzeugenden Generatoren.*

Abb. 61: *Der Innenraum des ehemaligen Kraftwerks mit seinen zahlreichen Schalttafeln und seine Nutzung als Museum und Veranstaltungsbereich.*

Im Jahre 1975 veräußerte die Gemeinde das Kraftwerk am Wasserfall an
die Salzburger Aktiengesellschaft für Energiewirtschaft (SAFE), den Vorgän-
ger der heutigen Salzburg AG. Nach weiteren 21 Betriebsjahren wurde die
Anlage vom Energieunternehmen schließlich stillgelegt, woraufhin deren
Rückkauf durch die Gemeinde Bad Gastein erfolgte. Per Verordnung vom 2.
November 2004 wurde das Bauwerk unter Denkmalschutz gestellt. Seit ei-
nigen bezieht die Ortschaft ihren elektrischen Strom vom neu errichteten
Kraftwerk Remsach im Gasteinertal.[114]

5.4.2 Architektur und gegenwärtige Nutzung des Kraftwerks am Wasserfall

Aus architektonischer Sicht vermag das ehemalige Kraftwerk von Bad Gastein den einen oder anderen Höhepunkt vorzuweisen. An seiner Vorderseite befindet sich die Maschinenhalle deutlich ausgeprägtem Mittelrisalit
und zwei zueinander nicht symmetrischen Seitentrakten. Der Mittelteil verfügt über eine mächtige portalartige Fensterkonstruktion mit darin enthal-
tenem Eingang und zeichnet sich zudem wie der linke Seitentrakt durch ein
Walmdach aus. Der rechte Seitentrakt besitzt demgegenüber ein herkömm-
liches Flachdach. Das hinter der Maschinenhalle anschließende vierge-
schossige Hauptgebäude diente zur Unterbringung von Verwaltung und Betriebspersonal und vermag durch seine noch teilweise erhalten gebliebene
Jugendstilornamentik zu beeindrucken. An der Vorderfront ist ein zentraler
Dachrisalt mit Zeltdachkonstruktion platziert; auch der Haupttrakt selbst
weist ein Zeltdach auf, welches von mehreren Schornsteinen durchbrochen
wird. Die Hinterseite des Gebäudes weist an ihren Ecken zwei turmartige,
ebenfalls mit Zeltdach versehene Strukturen auf, die durch einen Mittelbau
mit Flachdach voneinander getrennt werden. Vom ersten Geschoss aus be-
tritt man eine halbkreisförmige Terrasse, welche über ein für die Zeit cha-
rakteristisches Geländer verfügt (Abb. 58, 59).
Die Maschinenhalle beinhaltet die drei originalen Turbinensätze und be-
sticht zudem durch ihre 15 m lange Schalttafel aus Marmor. Im Gebäude befinden sich neben essenziellen Komponenten des ehemaligen maschinellen
Betriebs auch Sammelbehälter für das Thermalwasser der umliegenden
Quellen. Dieses Wasser wird mittels spezieller Pumpen in Hochbehälter
transportiert, wo es letztlich seiner endgültigen Verwendung zugeführt werden kann. Nach seiner Stilllegung wurde das aus architektonischer und technischer Sicht interessante Kraftwerk in ein Museum umgestaltet, welches

einen Einblick in die Elektrizitätsgewinnung und -verteilung des frühen 20. Jahrhunderts bietet. Die Anlage präsentiert sich zur Gänze in ihrem ursprünglichen Zustand und gilt demzufolge als hervorragendes industriearchäologisches Denkmal für die Pionierzeit der Energiegewinnung. Die historische Kraftwerksanlage kann im Rahmen einer Führung besichtigt oder für spezielle Events sogar angemietet werden (Abb. 60, 61).

5.5 Das alte Kraftwerk auf dem Nassfeld

5.5.1 Einige historische Daten zum Kraftwerk

Die ehemalige Kraftwerksanlage der Gewerkschaft Radhausberg befindet sich auf dem Nassfeld oberhalb von Bad Gastein und kann heute als Schaukraftwerk besichtigt werden. Die Errichtung des Gebäudes erfolgte unter der Leitung von Karl Imhof, der im Rahmen seiner unternehmerischen Tätigkeit großen Wert auf moderne und effiziente Energieerzeugung legte. Imhof nutzte das Kraftwerk in erster Linie zur Elektrifizierung seiner Bergbaubetriebe und zeichnete auch für die Grabung eines nach ihm benannten Unterbaustollens verantwortlich. Die hydroelektrische Anlage auf dem Nassfeld wurde bereits im Jahre 1912 erbaut und ist damit rund zehn Jahre älter als das bereits in Kapitel 5.1 erörterte Bärenwerk im Fuscher Tal. Für den Betrieb der Turbinen und damit verbundenen Generatoren wurde hauptsächlich jenes im Unteren Bockhartsee aufgestaute Wasser entnommen, welches dem Kraftwerk anhand einer unterirdischen Druckrohrleitung zugeführt wurde. Kleinere Wassermengen stammten auch aus dem Oberen Bockhartsee, der im Gegensatz zum Unteren Bockhartsee ein natürliches Gewässer darstellt.

Die in der Anlage erzeugte elektrische Energie diente vor allem dem Stollenvortrieb und der Belüftung des unterirdischen Gangsystems. Bis zum Jahre 1944 gelangte das Kraftwerk für derartige Zwecke im Goldbergbau zum Einsatz; in den darauffolgenden 40 Jahren blieb zwar die Stromproduktion bestehen, jedoch nicht mehr für den ab diesem Zeitpunkt eingestellten Bergbau, sondern insbesondere für den regional so bedeutsamen Gasteiner Heilstollen. Seit dem Jahr 1984 ist die hydroelektrische Anlage außer Betrieb gestellt. Vor einigen Jahrzehnten erfolgte eine Reaktivierung der Struktur als Schaukraftwerk zur Dokumentation der Gasteiner Elektrizitätsgeschichte, wobei die für demonstrative Zwecke installierte Turbine von einem zugeschalteten Gleichstrommotor angetrieben wird.[115]

Abb. 62: *Blick auf die Frontseite des Schaukraftwerks der Gewerkschaft Radhausberg knapp oberhalb des Nassfeld-Talbodens.*

Abb. 63: *Regler im Maschinenraum des Schaukraftwerks.*

Abb. 64: *Peltonturbine im Maschinenraum des Schaukraftwerks.*

5.5.2 Architektur und Betrieb des ehemaligen Kraftwerks
auf dem Nassfeld

Die Architektur des Schaukraftwerks genügt in erster Linie den örtlichen Anforderungen und verfügt über eine entsprechende Funktionalität. Die Anlage gliedert sich in zwei Teile, wobei der Osttrakt die Maschinenhalle und den Schaltraum, der Westtrakt hingegen eine Reparaturwerkstätte, ein Magazin und die Unterbringung für das ehemalige Betriebspersonal umfasst. Beide Teile weisen ein mit Bruchsteinen gemauertes, von zahlreichen Fenstern durchbrochenes Erdgeschoss auf, welches insgesamt eine hohe Gebäudestabilität garantiert. Die Maschinenhalle wird nach oben hin von einem hohen Satteldach abgeschlossen, wohingegen der Wohn- und Werkstättentrakt noch ein zusätzliches Obergeschoss zur Abdeckung des Platzbedarfs besitzt. Auch hier erfolgt der vertikale Abschluss durch ein identisch konzipiertes Satteldach (Abb. 62). Im Inneren der Kraftwerkshalle können einzelne Relikte aus der ehemaligen Betriebsära, darunter eine Peltonturbine (Abb. 64) und ein Regler für die Wasserzufuhr (Abb. 63), in Augenschein genommen werden. Im Gegensatz zum Kraftwerk am Wasserfall sind alle mechanischen Elemente sehr schlicht gehalten und besitzen keine repräsentative Zusatzfunktion.

Das Kraftwerk auf dem Nassfeld verfügte über eine für damalige Zeiten recht moderne Technik. In der Anlage standen zwei Peltonturbinen in Betrieb, von denen die Hauptturbine über zwei wasserzuführende Düsen angetrieben wurde. Mithilfe eines 20 m langen Antriebsriemens aus Rindsleder wurde ein groß dimensionierter Kompressor der amerikanischen Firma Ingersoll-Rand CO angetrieben. Diese mächtige Maschine wurde damals mit Pferdefuhrwerken vom Bahnhof im Gasteinertal zu ihrem Aufstellungsort auf dem Nassfeld transportiert.

Die bereits angesprochene Hauptturbine war auf hohe Wasserdrücke ausgelegt und besaß neben ihren zwei Zufuhrdüsen noch eine automatische Nadelregulierung. Die Betriebswassermenge der Kraftmaschine bemaß sich auf lediglich 0,2 m^3/s bei einem Nettogefälle von 205,7 m. Jener der Turbine nachgeschaltete Drehstromgenerator der Firma AEG verfügte über eine elektrische Leistung von 225 kVA bei einer Spannung von 5.500 V. Die ebenfalls von der kinetischen Energie der Turbine profitierende Kompressorenanlage erzeugte einen Betriebsdruck von 6 bis 8 atm. Mittels eines eigenen Transformators gelang bereits vor Ort eine Spannungsübersetzung von 5500 auf 220 V. Hochspannungsleitungen führten vom Krafthaus zum 3,5 km entfernten Hieronymus-Stollen auf dem Radhausberg, zum Sieglitz- beziehungsweise Imhof-Unterbaustollen und zur Erzaufbereitungsanalge auf dem Nassfeld.[116]

5.6 Das Kraftwerk Murfall im Lungau

5.6.1 Einige historische Bemerkungen

Beim Kraftwerk Murfall (Murfallkraftwerk) handelt es sich um ein Tages- und Wochenspeicherkraftwerk nahe der Ortschaft Muhr im Salzburger Lungau, welches ursprünglich als Ausgangspunkt für die flächendeckende Stromversorgung des Bezirks galt. Die Errichtung der hydroelektrischen Anlage datiert in das Jahr 1919, als einige Lungauer Gemeinden gemeinsam mit dem Land Salzburg eine gemeinwirtschaftliche Elektrizitätsgesellschaft zur Deckung des regionalen Energiebedarfs gründeten. Das in einer ersten Variante geplante Staubecken oberhalb der heutigen Wehrstelle musste aus Kostengründen aufgegeben werden. Zur Realisierung gelangte demzufolge eine billigere zweite Variante, welche die Errichtung einer Wehranlage aus Beton beinhaltete. Mithilfe dieser Konstruktion wurde das Wasser der Mur in einen 93 m langen Freispiegelstollen mit einer Querschnittsfläche von 1,5 x 1,8 m und anschließend in eine 120 m lange Druckrohrleitung mit einem Durchmesser von 40 cm geführt. Der Höhenunterschied zwischen Wehranlage und Kraftwerksgebäude bemaß sich auf lediglich 68 m. Zwischen Stollen und Druckrohrleitung wurde ein Wasserschloss eingeschaltet, von dem aus in späterer Zeit eine weitere Druckrohrleitung für die Speisung einer zweiten Turbine zur Installation gelangte.

Für die Erbauung des unterhalb der letzten Stufe des Murfalls positionierten Krafthauses war die Errichtung einer 8 m hohen Schutzwand gegen den Sprühnebel des Wasserfalls nötig. Von der Kraftwerkshalle mit einer Grundfläche von 108 m^2 wurde zunächst das Dach erbaut und auf provisorischen Holzpfählen gestützt. Diese Konstruktion wurde in weiterer Folge mit einer Außenwand versehen, so dass die Arbeit am eigentlichen Gebäude in den kalten Wintermonaten ermöglicht werden konnte, da die Einhausung beheizbar war. Die Erbauung der hydroelektrischen Anlage erfolgte nach Plänen des Salzburger Zivilingenieurbüros A. Buchleitner und K. Krieger, während die Maschinenfabrik Andritz für die Lieferung der Turbinenanlage verantwortlich zeichnete. Die elektrische Ausstattung des Werks stammte von der Gesellschaft für elektrische Industrie AG. Neben der eigentlichen Anlage gelangte auch noch eine 47 km lange Fernleitung zur Errichtung. Die Inbetriebnahme des Kraftwerks Murfall erfolgte drei Jahre nach Baubeginn; Erweiterungen der Anlage datieren in die Jahre 1931, 1942 und 1949. Als ein besonderes Datum kann das Jahr 1942 angesehen werden, da es zu diesem Zeitpunkt zum Einbau des zweiten Maschinensatzes kam, wodurch die Leistung des Kraftwerks von den ursprünglichen 260 kW auf 780 kW gesteigert werden konnte. Im Jahre 1949 wurde der sogenannte Öllschützenspeicher zur besseren Anpassung der Anlage an den tatsächlichen Strombedarf errichtet. Erwähnenswert ist auch eine in den 1990er Jahren durchgeführte Modernisierung der elektrischen und mechanischen Elemente der Anlage, so dass eine Angleichung an den gegenwärtigen Stand der Technik gelang.[117]

5.6.1 Architektur und Betrieb des Kraftwerks

Das äußerst schlicht gestaltete Krafthaus besitzt einen rechteckigen Grundriss und fällt in erster Linie durch seine Bruchsteinarchitektur und sein einfaches Satteldach auf. Der Zugang zur Maschinenhalle erfolgt über ein breites hölzernes Portal, welches durch zusätzliche Holzläden verschließbar ist. Die rund um das Gebäude positionierten rechteckigen Fenster zeigen keinerlei klassizistische Elemente, wodurch das Gebäude lediglich als Funktionsbau ohne repräsentativen Charakter zu sehen ist (Abb. 65).

Abb. 65: *Frontseite des aus Bruchsteingut gefertigten Kraftwerks Murfall in der Lungauer Ortschaft Muhr.*

Aus technischer Sicht handelt es sich beim Kraftwerk Murfall mit seiner Engpassleistung von 780 kW und seinem Regelarbeitsvermögen von 3700 MWh um eine kleindimensionierte Anlage. Das hydrografische Einzugsgebiet besitzt eine Fläche von 32,09 km^2. In der Maschinenhalle befinden sich zwei Francisturbinen mit horizontaler Welle, wobei die erste Turbine einen Nenndurchfluss von 0,54 m^3/s und eine Nennleistung von 280 kW, die zweite Turbine hingegen einen Nenndurchfluss von 0,90 m^3/s und eine Nennleistung von 500 kW aufweist. Die gegenwärtige Bruttofallhöhe des Wassers bemisst sich auf 71,25 m. Die Turbinen sind mit zwei Drehstrom-Synchron-Generatoren mit horizontaler Welle verbunden, welche ein 30 kV-Netz einspeisen.[118]

5.7 Die Kraftwerke Großarl und Plankenau an der Großarler Ache

5.7.1 Einige allgemeine Bemerkungen

Das Laufkraftwerk Großarl im Salzburger Pongau wurde bereits im Jahre 1917 in Betrieb genommen und zählt somit zu den ältesten Anlagen der Region. Das ebenfalls an der Großarler Ache befindliche Laufkraftwerk Plankenau wurde im Jahre 1922 eröffnet und nutzt das Wassergefälle entlang der Liechtensteinklamm. Beide hydroelektrischen Anlagen wurden von den Elektrizitätswerken Stern & Hafferl errichtet, welche als Rechtsvorgänger der regionalen Energie AG gelten.

5.7.2 Architektur und technische Daten der Kraftwerke

Beide an der Großarler Ache situierten Kraftwerke zeichnen sich durch ihre funktionale und an die regionale Bautradition angelehnte Architektur aus. Die jeweiligen Maschinenhallen weisen mittlere Dimensionen auf und sind durch das weitgehende Fehlen von klassizistischen Elementen oder jeglicher Bauornamentik gekennzeichnet (Abb. 66).

Das Laufkraftwerk Großarl verfügt im gegenwärtigen Betrieb über eine Engpassleistung von 6400 kW und ein Regelarbeitsvermögen von 33300 MWh. Als Kraftmaschinen dienen zwei Francisturbinen, welche zwei Synchrongeneratoren mit einer Wirkleistung von 3.200 kW betreiben. Der das Wasser zu den Turbinen führende Freispiegelstollen besitzt eine Länge von 2500 m, einen Querschnitt von etwa 4,5 m^2 und sorgt dafür, dass die Wassermassen einen Höhenunterschied von 92 m überwinden. Das etwas größer dimensionierte Laufkraftwerk Plankenau weist eine Engpassleistung von 11200 kW und ein Regelarbeitsvermögen von 56700 MWh auf. Auch hier sind zwei Francisturbinen mit geringfügig unterschiedlichen Fallhöhen des Wassers (153 beziehungsweise 157,4 m) verbaut, wobei die nachgeschalteten Synchrongeneratoren eine Wirkleistung von 5200 und 7200 kW erzeugen. Die das Wasser zuführende Druckrohrleitung besitzt eine Länge von 610 m und einen Durchmesser von 2 m.[119]

Abb. 66: *Kraftwerk Großarl (links) und Plankenau (rechts) an der Großarler Ache im Salzburger Pongau.*

5.8 Das Flusskraftwerk Bachwinkl in Saalfelden

5.8.1 Einige Bemerkungen zur Geschichte der Anlage

Das Flusskraftwerk Bachwinkl in Saalfelden am Steinernen Meer nutzt die Wassermassen des Lärch- und Ofenbachs für die Produktion von elektrischem Strom. Obwohl es sich bei der hydroelektrischen Anlage aufgrund einer Leistung unter 10 MW lediglich um ein Kleinkraftwerk handelt, soll sie im Rahmen dieser Abhandlung aus zweierlei Gründen zur Beschreibung gelangen. Zum einen stellt sie eine der ältesten Energie produzierenden Baustrukturen im Bundesland Salzburg dar, zum anderen befindet sie sich auch heute noch nach etlichen Modernisierungsphasen in Betrieb. Die Errichtung des Kraftwerks datiert bereits in das Jahr 1905, als sich der damalige Bürgermeister der Gemeinde Saalfelden, Josef Eberhart, mit einem stetig wachsenden Bedarf an elektrischer Energie konfrontiert sah und deshalb den Bau der Anlage in die Wege leitete.

In seiner anfänglichen Betriebsphase verfügte das Flusskraftwerk, welches von den in Wien ansässigen Siemens-Schuckert-Werken geplant und gebaut wurde, über zwei von der Firma Ruston aus Prag gelieferte Peltonturbinen mit einer elektrischen Leistung von je 50,5 kW. Diese reichte gerade einmal für den Betrieb von 800 Kohlefadenlampen, vier Bügeleisen und einem 10 PS-Motor. Die Anlage wurde tagtäglich zur Mittagszeit für zwei Stunden außer Betrieb genommen, um die Lebensdauer der elektrischen und mechanischen Bauteile zu verlängern. Im Jahre 1911 verlangte der kontinuierlich angestiegene Stromverbrauch den Ankauf eines Dieselaggregats, welches jedoch nach dem Ersten Weltkrieg wegen Treibstoffmangels wieder abgeschaltet werden musste. Im Jahre 1921 wurde das Werk an das 15 kV-Netz der zu diesem Zeitpunkt noch jungen Salzburger Aktiengesellschaft für Energiewirtschaft (SAFE) angeschlossen.

Im Jahre 1954 wurde das Flusskraftwerk Bachwinkl zur Gänze von der SAFE übernommen und bereits wenig später stillgelegt. Erst 38 Jahre später erfolgte eine umfangreiche Sanierung, Modernisierung und neuerliche Inbetriebnahme der Anlage. Durch die Installation eines neuen vollautomatischen Maschinensatzes mit Peltonturbinen und Generatoren konnte wieder Strom erzeugt werden, welcher seither in das Niederspannungsnetz eingespeist wird. Das Kraftwerksgebäude beinhaltet nach wie vor die historische Anlage mit Turbine, Generator, Schalttafel aus Marmor und 3 kV-Aggregat.[120]

5.8.2 Architektur und technische Daten des Kraftwerks

Zur architektonischen Ausführung des Flusskraftwerks Bachwinkl können nur wenige Angaben gemacht werden. Das sehr funktionell gestaltete Maschinenhaus verfügt über einen rechteckigen Grundriss, pilasterartige Zierelemente und ein unspektakuläres Satteldach. An das Hauptgebäude schließt eine mehrgeschossige Baustruktur an, in welcher die Verwaltung und eine Transformatorstation untergebracht sind (Abb. 67).

Die modernisierte hydroelektrische Anlage repräsentiert ein Ausleitungskraftwerk mit einem Gesamteinzugsgebiet von 3,6 km^2. Die durchschnittliche Jahresproduktion bemisst sich auf 520 MWh, wobei die Engpassleistung 120 kW beträgt. Das Strom produzierende Werk enthält zweidüsige Peltonturbinen mit horizontaler Welle, welche von einem Staubecken mit

1100 m^3 Inhalt mit Wasser versorgt werden. Die Bruttofallhöhe des Wassers beläuft sich auf 116,15 m, die Triebwasserweglänge hingegen auf 935 m. Die Anlage verfügt über eine Nennleistung von 165 kVA und versorgt gegenwärtig das örtliche Stromnetz.

Abb. 67: Blick auf das Flusskraftwerk Bachwinkl (erb. 1905) mit linker Maschinenhalle und rechtem Anbau.

5.9 Das Kraftwerk Arthurwerk in Mühlbach

5.9.1 Einige allgemeine Bemerkungen

Das Kraftwerk Arthurwerk wurde im Jahre 1928 im Auftrag von Arthur Krupp errichtet. Es diente zur damaligen Zeit primär der Versorgung des Mitterberger Kupferbergbaus in Mühlbach am Hochkönig und nutzte zu diesem Zweck das Wasser der nahegelegenen Mühlbacher Ache. Bereits im Jahre 1935 gelangte die hydroelektrische Anlage in den Besitz der Österreichischen Kraftwerke AG, welche etliche Modernisierungen und Erweiterungen durchführte. Der ursprüngliche Triebwasserweg des Kraftwerks verlief in der Sohle eines alten Bergwerksstollens, wurde jedoch nach einiger Zeit verlegt. Im Jahre 1989 erfolgte mit Ausnahme des historischen Krafthauses die vollständige Neuerrichtung der Anlage, welche gegenwärtig von der oberösterreichischen Energie AG betrieben wird.

5.9.2 Architektur und Betrieb des Kraftwerks Arthurwerk

Das historische Maschinenhaus vermag aufgrund seines gepflegten Zustandes und seiner reizvollen Architektur mit unterschiedlich dimensionierten

Fensterelementen, Zierpilastern und Walmdach durchaus zu beeindrucken (Abb. 68). An das relativ groß gehaltene Gebäude schließen auf beiden Seiten modernere Baustrukturen an, welche ursprünglich der Unterbringung von Betriebspersonal und Verwaltung dienten.

Abb. 68: *Kraftwerk Arthurwerk (erb. 1928) mit zentralem Maschinenhaus und seitlichen Anbauten.*

In technischer Hinsicht handelt es sich beim Kraftwerk Arthurwerk um eine Anlage mit einer durchschnittlichen Jahreserzeugung von 25000 MWh und einer Engpassleistung von 6000 kW. Das über eine Bruttofallhöhe von 263,4 m zugeführte Wasser trifft mit einem Volumen von 2,6 m^3/s auf eine Peltonturbine mit horizontaler Antriebswelle, welche mit einem Synchrongenerator (Nennleistung: 6000 kW) in Verbindung steht. Die Anlage gilt noch heute als einer der wenigen Stromproduzenten rund um den Hochkönig.[121]

5.10 Das Kraftwerk Hammer in Oberalm

5.10.1 Einige Anmerkungen zur Geschichte des Kraftwerks

Im Jahre 1919 wurde auf Betreiben der Stadt Hallein im Oberalmer Ortsteil und Gewerbegebiet Hammer ein Flusskraftwerk zur Deckung des lokalen Strombedarfs errichtet. Die Anlage bezieht ihr Wasser von einem eigenen Mühlbach, welcher vom durch das Kieferwehr aufgestauten Almbach abzweigt und unmittelbar nach Durchlauf durch die Turbine wieder dem Almbach zugeführt wird. Das Kraftwerk Hammer fasziniert nicht nur aufgrund seines relativ alten Errichtungsdatums, sondern stellt auch eine von mehreren hydroelektrischen Anlagen am Almbach dar, die noch heute im beinahe originalen Zustand am Stromnetz hängen. Gegenwärtig wird der klein dimensionierte Stromproduzent von der Salzburg AG betrieben und versorgt etwa 200 Haushalte in Oberalm mit elektrischer Energie.

Abb. 69: *Kraftwerk Hammer in Oberalm mit Blick auf den Wassereinlauf und Transformatorturm.*

5.10.2 Architektur und technische Ausstattung des Kraftwerks

Das in Hinblick auf seine architektonische Gestaltung sehr nüchtern gehaltene Kraftwerksgebäude weist mit dem teils aus Holz gearbeiteten Einlauf des Mühlbaches, dem langestreckten und aus mehreren Einheiten bestehenden Hauptkomplex und dem turmförmig konzipierten Transformatorhäuschen einige Besonderheiten auf. Das Kraftwerk wurde im Stil der Zeit gefertigt und zeichnet sich durch keinerlei klassizistische Zierelemente aus. Die einzelnen Gebäudeteile sind mit Walm- oder Satteldach versehen (Abb. 69, 70).

Aus technischer Sicht besitzt das Laufkraftwerk ein Gesamteinzugsgebiet von 197,8 km^2. Die durchschnittliche Jahresproduktion der Anlage bemisst sich auf 650 MWh bei einer Engpassleistung von 100 kW. Als Herzstück des Werks gilt eine Francis-Schachtturbine mit vertikaler Antriebswelle. Die Nettofallhöhe des eingespeisten Wasser beträgt lediglich 3,5 m, wobei der Ausbaudurchfluss mit 4 m^3/s verhältnismäßig groß dimensioniert ist. Die Generatornennleistung weist einen Wert von 125 kVA auf; der Energiewandler wird über ein Stirnradgetriebe, welches 1968 eine vollständige Restaurierung erfuhr, in Gang gesetzt. Der erzeugte Strom wird in das Niederspannungsnetz der Salzburg AG eingespeist.[122]

Abb. 70: *Längsseite des Laufkraftwerks Hammer mit Wohngebäude, Maschinenhaus und Transformatorstation.*

5.11 Das Laufkraftwerk im Wiestal im Salzburger Tennengau

5.11.1 Historische Aspekte

Dem Kraftwerk Wiestal gebührt eine besondere Erwähnung, weil es die erste großdimensionierte hydroelektrische Anlage zur Stromversorgung der Stadt Salzburg repräsentierte. Für den Betrieb der Turbinen und nachgeschalteten Generatoren wurde in erster Linie das Wasser des Wiestalstausees, vermutlich aber auch jenes des nahegelegenen Schwarzaubachs und Mörtelbachs genutzt. Die Erbauung des Kraftwerks fällt in den Zeitraum zwischen 1909 und 1913, wobei für die Errichtung des Staubereichs die Absiedelung von sechs Bauernhöfen notwendig war. Schon bei Baubeginn der Anlage im Jahre 1909 war die Nutzung des über Hintersee verlaufenden Almbachs in zwei Staustufen vorgesehen. In seiner ursprünglichen Version beinhaltete das Kraftwerk bereits drei Maschinensätze mit einer Gesamtleistung von 3.780 kW, welche den damaligen Strombedarf der Stadt Salzburg zur Gänze abzudecken vermochten. Dies wiederum hatte die Ablösung der kalorischen Stromerzeugung in der Stadt zur Folge.

Nach dem Ersten Weltkrieg zeichnete sich in der Landeshauptstadt eine deutliche Steigerung des Bedarfs an elektrischer Energie ab, so dass schon 1918 ein weiterer Maschinensatz zum Einbau gelangte. Im Jahre 1939 wurde schließlich noch ein fünfter Maschinensatz installiert. In den 1920er Jahren begann man mit der Errichtung der zehn Jahre zuvor geplanten zweiten Staustufe; zudem startete man mit dem Kraftwerk Strubklamm ein weiteres ambitioniertes Bauprojekt für eine nachhaltige Elektrifizierung von Stadt und Land Salzburg (Kap. 4.2.1). Im Jahre 1945 konnten die beiden hydroelektrischen Anlagen Wiestal und Strubklamm den gesamten Strombedarf der Stadt Salzburg abdecken.

In der Nachkriegszeit wurde eine Koppelung des Wasserkraftwerks Wiestal mit dem Landes- und Verbundnetz notwendig. Die alte Anlage wurde nach 60-jähriger Betriebszeit abgetragen und zwischen 1975 und 1977 durch das neue Kraftwerk Wiestal ersetzt. Dabei fand der Austausch der fünf alten Maschinensätze durch zwei neue und wesentlich leistungsstärkere statt. Zudem wurde unterhalb des Kraftwerks ein großes Ausgleichsbecken errichtet, welches der kontinuierlichen Restwasserabgabe diente. Dieses Wasservolumen wird gegenwärtig durch das im Jahre 2005 in Betrieb genommene Kraftwerk Wiestal Ausgleichsbecken genutzt, so dass mittlerweile drei nacheinander geschaltete Anlagen zur Verfügung stehen.[123]

5.11.2 Architektur des historischen Kraftwerks Wiestal (abgetragen)

Die Architektur des historischen, im Rahmen dieser Monografie interessierenden Kraftwerksgebäudes lässt sich leider nur noch anhand von alten Fotografien ergründen (Abb. 71). Diese zeigen einen durchaus imposanten mehrteiligen Komplex mit Maschinenhalle, Reparaturwerkstätte, Magazin und Wohntrakt für das Betriebspersonal. Das Wasser des Wiestalstausees wurde über eine oberirdische Druckleitung an die Turbinen herangeführt. Nahezu alle Gebäude sind mehrgeschossig konzipiert und nach einem weitgehend klassizistischen Architekturkanon mit entsprechenden Zierelementen und hohen Sattel- beziehungsweise Walmdächern gestaltet. Die für damalige Zeit relativ große Dimensionierung der Anlage sollte vor allem deren Vorreiterrolle in Bezug auf eine großflächige Stromerzeugung unterstreichen.

Abb. 71: *Die historische Kraftwerksanlage Wiestal mit oberirdischer Druckwasserleitung, zentralem Gebäudekomplex und eingefasstem Abfluss.*

5.11.3 Betriebsdaten des modernen Kraftwerks Wiestal

Das auf dem Areal der historischen hydroelektrischen Anlage entstandene moderne Kraftwerk Wiestal verfügt über ein Einzugsgebiet von 175 km^2, ein Regel-Arbeitsvermögen von 53200 MWh und eine Engpassleistung von 28000 kW. Seine Maschinenhalle ist mit zwei Fancis-Spiralturbinen mit vertikaler Welle bestückt, welche einen Laufraddurchmesser von 1530 mm besitzen. Die Nennfallhöhe des zugeführten Wasservolumens bemisst sich auf 80.5 m, wobei für jede Turbine ein maximaler Durchfluss von 19,5 m^3/s generiert werden kann. Die daraus resultierende Nennleistung ist mit je 14000 kW zu beziffern. Die Turbinen sind direkt an zwei Drehstrom-Synchrongeneratoren gekoppelt, welche eine Nenn-Scheinleistung von je 13300 kVA besitzen. Der erzeugte Strom wird über die Umspannstation Wiestal in das Mittelspannungsnetz der Salzburg AG eingespeist.[124]

5.12 Das Strubklamm-Kraftwerk in Wimberg/Adnet

5.12.1 Einige historische Bemerkungen

Dem in der Ortschaft Wimberg (Gemeinde Adnet) befindlichen Strubklamm-Kraftwerk gebührt in mehrerlei Hinsicht eine ausführliche Darstellung: Zum einen zählt die Anlage zu jenen Baustrukturen aus der Anfangszeit der Elektrifizierung Salzburgs, zum anderen genügt das Maschinenhaus, welches zeitgenössisch als Krafthaus bezeichnet wurde, wesentlich höheren architektonischen Ansprüchen als vergleichbare Bauwerke. Dieser zuletzt genannte Punkt hat auch dazu geführt, dass man das Maschinengebäude als bedeutendes bauliches Dokument der Salzburger Wirtschafts- und Elektrizitätsgeschichte unter Denkmalschutz stellte.

Wie bereits im vorigen Kapitel festgehalten werden konnte, erfolgte der Bau des Strubklamm-Kraftwerks als Reaktion auf den stetig steigenden Strombedarf in der Stadt Salzburg in den 1920er Jahren. Spätestens zu Beginn dieses Jahrzehnts waren sich die Stadt- und Regionalpolitik darüber im Klaren, dass das schon in Betrieb stehende Kraftwerk Wiestal nicht mehr ausreichende elektrische Leistung für den urbanen Raum zu bieten vermochte. Deshalb wurde ab 1920 der Startschuss für eine weitere energiewirtschaftliche Nutzung des Almbachs im Bereich der Strubklamm gegeben. Am oberen Ende dieses schmalen und tief eingeschnittenen Tals wurde zunächst eine Staumauer errichtet, welcher der Sammlung von durch den Almbach zugeführten Wassermassen in einem entsprechenden Stausee diente. Das gespeicherte Wasser wurde in weiterer Folge über ein Druckrohr mit dem Kraftwerkskomplex am unteren Ende der Strubklamm verbunden. Die Eröffnung der hydroelektrischen Großanlage wurde in feierlichem Rahmen am 20. Dezember 1924 durch den damaligen Bundespräsidenten Michael Hainisch vorgenommen. Zu diesem Zeitpunkt war man sich freilich noch nicht der Tatsache bewusst, dass der vom Stausee geflutete Boden über eine hohe Permeabilität verfügt und dementsprechend große Wassermengen in die Tiefe abzuführen vermag.

Die mit dem Speichersee verbundene Problematik bewirkte einen signifikanten Effizienzverlust des Kraftwerks, wodurch bald nach dem Zweiten Weltkrieg über alternative Konzepte der regionalen Stromerzeugung auf Basis von Wasserkraft nachgedacht werden musste. Das alte Strubklamm-Kraftwerk blieb bis in die 1980er Jahre in Betrieb und wurde zwischen 1981 und 1984 sukzessive durch eine neuere, mit modernerer Technik ausgestattete Anlage ersetzt. Dazu war die Errichtung eines langen Triebwasserstollens vom Hintersee, welcher anstelle des Strubklamm-Stausees als Wasserspeicher fungierte, zum Kraftwerkskomplex notwendig. Trotzdem sich die Vortriebsarbeiten teilweise sehr aufwendig gestalteten, konnte letztendlich im Vergleich zur alten Anlage eine Leistungsverdopplung erreicht werden. Heute sind das Speicherkraftwerk Strubklamm und das Kraftwerk Wiestal dazu befähigt, die Leistungsspitzen im städtischen Stromnetz weitgehend abzudecken. Das denkmalgeschützte Maschinenhaus der alten Anlage wird gegenwärtig als Lagerhalle für die Wasserkraftwerke der Salzburg AG genutzt.[125]

5.12.2 Architektur des historischen Kraftwerkskomplexes

Im Mittelpunkt der Betrachtung steht das denkmalgeschützte Krafthaus, welches 1923/1924 unter der Leitung von Richard Hildmann erbaut wurde und sich durch seine einzigartige Stilistik auszeichnet. Die Frontseite des Gebäudes verfügt über ein breites Rundportal, an das sich seitlich zwei rundlich gestaltete, mit zahlreichen Fenstern durchsetzte Eckrisalite anschmiegen. Oberhalb eines eher klein dimensionierten Vordachs zieht ein hoher dreieckiger Giebel empor, wobei das frontale Giebelfeld eine pyramidenartige Anordnung von Fenstern erkennen lässt. Insgesamt wird beim Betrachter der Eindruck erweckt, dass es sich bei diesem Gebäude weniger um die Maschinenhalle eines Kraftwerks als vielmehr um eine nach modernen Richtlinien konzipierte Kathedrale handelt. An seinen Flanken setzt sich das Gebäude abwechselnd aus Pfeiler- und Fensterelementen zusammen; zudem zeigt es einen kunstvoll mit Portal- und Fensterelementen gestalteten Seitengiebel. An die rechte Seite des Krafthauses schließt ein wesentlich niedriger gehaltener, jedoch dem gleichen architektonischen Konzept folgender Verwaltungs- und Lagerkomplex an. In diesem Zusammenhang besonders erwähnenswert ist ein im Hintergrund befindlicher, erhöhter Gebäudeteil mit rechteckigem Grundriss, hohem Rundportal und Walmdach (Abb. 72, 73).

Die architektonische Grundkonzeption wurde bei den hinter dem Kraftwerkskomplex liegenden Reihenhäusern für das Betriebspersonal weitgehend beibehalten. Die vier stufenartig aneinandergereihten Einheiten verfügen über hohe dreieckige Giebel mit Satteldächern und eine noch heute durchaus gefällige Anordnung von Fenster- und Türelementen. Das oberste Haus – möglicherweise jenes des einstigen Betriebsleiters – nutzt einen seitlichen Erker als Eingang. Die ebenfalls denkmalgeschützte Wohnanlage geht wie das Krafthaus auf Richard Hildmann zurück und entstand zeitgleich mit der Stromfabrik (Abb. 74, 75). Auch die noch erhaltene Staumauer in der oberen Strubklamm gilt in diesem Zusammenhang als erwähnenswert, da sich das Betriebshäuschen architektonisch recht stark an das oben beschriebene Krafthaus anlehnt und dadurch eine Zusammengehörigkeit der baulichen Strukturen vermittelt werden soll. Die Staumauer selbst zeigt an ihrer Oberseite eine glyphenartige Struktur mit apikalem Zahnschnitt. Das Geländer weist eine teils kunstvolle Gestaltung mit klassizistischen Zierelementen auf (Abb. 76, 77). Jenes einst vom Wasser vollständig bedeckte Areal hat in den vergangenen Jahrzehnten eine weitgehende Renaturierung erfahren und wird vermehrt von Einheimischen genutzt.

5.12.3 Technische Daten des neuen Speicherkraftwerks Strubklamm

Das moderne Kraftwerk besitzt ein Gesamteinzugsgebiet von 96 km^2. Die durchschnittliche Jahresproduktion beläuft sich auf 41200 MWh, wohingegen die Engpassleistung mit 15000 kW zu beziffern ist. Die Maschinenhalle ist mit zwei Francis-Spiralturbinen mit vertikalen Wellen bestückt, an welche das Wasser nach Überwindung einer Bruttofallhöhe von 121,5 m herangeführt wird. Der Triebwasserweg des Hauptsystems hat eine Länge von 4689 m, jener des Nebensystems besitzt hingegen eine Länge von 2438 m. Der Ausbaudurchfluss ist mit exakt 18,4 m^3/s zu beziffern. Die direkt an die Turbinen gekoppelten Drehstrom-Synchrongeneratoren erbringen eine elektrische Leistung von je 10000 kVA, wobei die Energieableitung über die Umspannstation Strubklamm ins Mittelspannungsnetz der Salzburg AG erfolgt.[126]

Abb. 72: *Strubklamm-Kraftwerk mit historischer Anlage im Hintergrund und neuem Gebäudekomplex auf der rechten Seite.*

Abb. 73: *Frontansicht des historischen Krafthauses mit seiner hoch repräsentativen Architektur.*

Abb. 74: *Zum Kraftwerk gehörende Reihenhausanlage zur Unterbringung des Betriebspersonals.*

Abb. 75: *Blick auf die Frontseite der Reihenhausanlage mit ihrer ausgeprägten Giebelarchitektur.*

Abb. 76: *Staumauer des historischen Strubklamm-Kraftwerks mit auf der linken Seite positioniertem Betriebshäuschen.*

Abb. 77: *Wehranlage der historischen Staumauer.*

5.13 Das Kraftwerk Jank in Grödig

5.13.1 Historische Aspekte

Das am Almkanal gelegene Kleinkraftwerk der Familie Jank blickt auf eine mittlerweile mehr als 100 Jahre andauernde Tradition zurück und gilt zudem als Beleg dafür, dass das künstliche Gerinne bis zum Anfang des 20. Jahrhunderts in der Stadt Salzburg und Grödig nahezu die einzige Energiequelle für Handwerk, Industrie und Gewerbe darstellte. Heute beherbergt der Almkanal insgesamt 16 Kraftwerke, welche eine Gesamtleistung von immerhin 1,2 MW zu erbringen vermögen. Das in der Gemeinde Grödig gelegene Kraftwerk Jank verfügte einst über ein hölzernes Wasserrad und wurde im Jahre 1909 durch den Einbau einer Francisturbine auf Stromproduktion umgerüstet. Nach beinahe 100-jährigem Betrieb mit stetig anfallenden Reparatur- und Modernisierungsmaßnahmen erfolgte im Jahre 2008 eine Umrüstung der hydroelektrischen Anlage auf den Letztstand der Wasserkrafttechnik. Dieser Prozess beinhaltete den Ersatz der bis dahin problemlos betriebenen Francisturbine durch eine leistungssteigernde Kaplanturbine. Die zur Zeit der Almabkehr durchgeführten Umbau- und Renovierungsarbeiten gestalteten sich zwar aufwendig, konnten aber ohne größere Schwierigkeiten vollzogen werden, so dass heute ein nach modernen Richtlinien funktionierendes Werk in der historischen Baustruktur Platz gegriffen hat.[127]

5.13.2 Architektur und Betrieb des Kraftwerks

Das alte Kraftwerksgebäude der Familie Jank zeichnet sich im Wesentlichen durch eine regional geprägte, funktionelle Architektur mit rechteckigem Grundriss, schlichter Fassadengestaltung und Krüppelwalmdach aus. Einzelne pilasterartige Zierelemente sowie jene im Giebelfeld platzierte, runde Luke weisen auf ein gehobenes Alter der Struktur hin. Der mit Wellblechdach geschützte Wassereinlauf lässt noch einige ältere technische Elemente erkennen, die ansatzweise auf die Pionierzeit der Salzburger Stromerzeugung hinweisen (Abb. 78, 79).

Wie bereits erwähnte wurde, erfolgte der Betrieb der alten Francisturbine über den Almkanal mit einer Fallhöhe von lediglich 2,20 m und einer Ausbauwassermenge von 5,5 m^3/s. Dies hatte eine Leistung von 88 kW zur Folge. Nach Einbau der für geringe Wassergefälle wesentlich besser geeigneten Kaplanturbine konnte bei nahezu gleichbleibenden Rahmenbedingungen eine Leistungssteigerung von 25 % auf 110 kW erzielt werden.[128]

Abb. 78: *Frontseite des Kraftwerks Jank am Almkanal in Grödig (Umbau zum Elektrizitätswerk im Jahre 1908).*

Abb. 79: *Einlauf des Almkanals in das alte Kraftwerk Jank in Grödig.*

5.14 Das Kraftwerk Eichetmühle in Grödig

5.14.1 Historische Daten zum Kraftwerk Eichetmühle

Das ebenfalls am Almkanal gelegene Kraftwerk Eichetmühle in der Gemeinde Grödig südlich der Landeshauptstadt gilt den historischen Quellen zufolge als ältestes Laufkraftwerk Salzburgs, welches sich auch noch gegenwärtig in Betrieb befindet. Die Geschichte der hydroelektrischen Anlage reicht bis ins 15. Jahrhundert zurück; zum damaligen Zeitpunkt wurde sie als Aichetmühle bezeichnet und befand sich im Besitz des Salzburger Domkapitels. Nachdem Ende des 19. Jahrhunderts vonseiten der Wirtschaft ein erhöhter Bedarf nach elektrischem Strom angemeldet wurde, erwarben die Städtischen Elektrizitätswerke Salzburg die alte Mühle und bauten diese schließlich im Jahre 1898 zu einem Wasserkraftwerk aus.

Bereits ein Jahr nach ihrem Umbau wurde die Anlage in Betrieb genommen, wobei das ursprüngliche Inventar eine für das geringe Gefälle des Almkanals eher ungeeignete Francisturbine und einen Drehstromgenerator umfasste, welcher die nahegelegene Stadt über eine 3 kV-Leitung mit elektrischem Strom versorgte. Im Jahre 1908 erfolgte ein maschineller Ausbau des Kraftwerks für den Betrieb der „Roten Elektrischen" Lokalbahn, die die Landeshauptstadt mit den südlich angrenzenden Gemeinden verband. Hierfür wurde das bestehende Maschinenensemble durch einen geeigneten Gleichstromgenerator mit einer Leistung von 150 kW, ein Umformeraggregat und eine Bahnbatterie zur lokalen Stromspeicherung ergänzt. Nach Stilllegung der Lokalbahn-Südstrecke im Jahre 1953 kam es wiederum zur Außerbetriebnahme des zu Beginn des 20. Jahrhunderts installierten Umformersatzes. In den 1980er Jahren wurde eine Generalüberholung von Turbine und vor dem Wassereinlauf befindlichem Holzkammerrad durchgeführt. Weitere vor einigen Jahren veranlasste Modernisierungsmaßnahmen betrafen die Vollautomatisierung der Anlage und den Umbau der werkseigenen Transformatorstation.[129]

5.14.2 Architektur und gegenwärtiger Betrieb des Kraftwerks

Das Kraftwerk Eichetmühle verfügt über eine eher schlichte Architektur, die nur an manchen Stellen von klassizistischen Zügen durchsetzt ist. Grundsätzlich handelt es sich bei der Anlage um ein zweigeschossiges Gebäude mit länglichem Haupttrakt und beiderseitigem Anbau. Die Hauptfront mit vorgesetzter eingeschossiger Baustruktur beeindruckt durch ihre in der ersten Etage befindliche, durchgehende Fensterreihe und ihren Dreiecksgiebel mit stufenförmigen Akroteren. Im Giebelfeld befinden sich ein Fensterpaar und eine rundliche Öffnung. Der regulierte Almkanal führt das Wasser über den rechten Anbau an die Francisturbine. Ein vor dem Einlauf befindliches Kammrad mit 126 Kammreihen aus Weißbuche sorgt dafür, dass keine Verlegung des Zulaufrohres durch Fremdkörper erfolgen kann. Die Seitenflanke des Kraftwerksgebäudes mutet eher unspektakulär an und lässt neben dem Ausgang der Stromleitungen eine regelmäßige Anordnung von Fensterelementen unterschiedlicher Größe erkennen. Während manche Fenster noch aus der Ursprungszeit des Kraftwerks stammen, sind andere in späterer Zeit modernisiert worden (Abb. 80, 81).

Im Inneren der vollautomatisierten Anlage kann der nach wie vor in Betrieb stehende, alte Maschinensatz begutachtet und mit Unterstützung zahlreicher Schautafeln studiert werden. Generator, Regler, Antriebsriemen und Schalttafeln befinden sich jeweils noch im originalen Zustand und lassen erkennen, mit welch hoher Qualität der Maschinenbau bereits vor knapp 120 Jahren agierte. Im völligen Kontrast zum alten Maschinenhaus des Kraftwerks Eichetmühle steht die neu errichtete Umspannanlage, welche den generierten Strom auf die für das zuständige Netz geeignete Spannung bringt. Hier sind moderne Transformatoreinheiten aneinandergereiht, um entsprechend hohe Funktionalität gewährleisten zu können.

Wenn man sein Augenmerk zunächst auf die technischen Daten des Kraftwerks Eichetmühle am Almkanal legen möchte, kann für die Anlage ein Regel-Arbeitsvermögen von 950 MWh bei einer Engpassleistung von 135 kW festhalten. Die Ausbauwassermenge lässt sich mit 6,2 m^3/s beziffern und liegt damit in einer ähnlichen Größenordnung wie jene des zuvor erläuterten Kraftwerks Jank im Grödiger Ortszentrum. Die Anlage ist mit einer Francis-Schachtturbine mit vertikaler Welle bestückt, welche über einen Laufraddurchmesser von immerhin 2050 mm und einen Nenndurchfluss von 6,2 m^3/s verfügt. Die von der Turbine erbrachte Nennleistung beläuft sich auf 154 kW.

Die Wasserkraftmaschine steht mit einem Drehstrom-Synchrongenerator mit horizontaler Welle in Verbindung und wird über ein zwischengeschaltetes Übersetzungsmodul angetrieben. Die dabei erzeugte elektrische Nennleistung beläuft sich auf 165 kVA und ist damit um etwa 30 % höher als beim gleichdimensionierten Kraftwerk Jank. Der vom Generator produzierte Strom wird nach Passage der Umspannstation Eichetmühle on das Mittelspannungsnetz der Salzburg AG eingespeist (Abb. 82, 83).[130]

Abb. 80: *Blick auf die Front des Kraftwerks Eichetmühle mit entsprechender zeitgenössischer Architektur.*

Abb. 81: *Seitenfassade des Kraftwerks Eichetmühle am Almkanal.*

Abb. 82: *Maschinenhalle des Kraftwerks Eichetmühle mit Drehstrom-Synchrongenerator.*

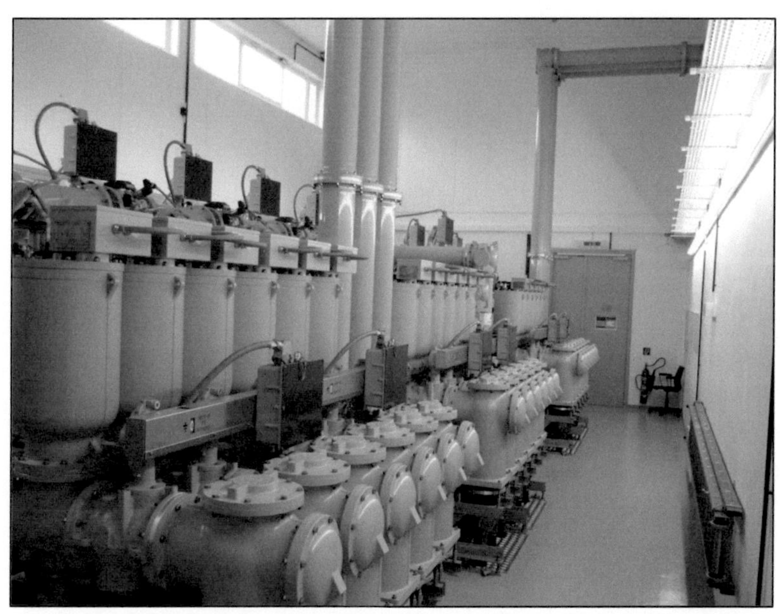

Abb. 83: *Blick in die moderne Transformatorstation des Kraftwerks.*

5.15 Das Kraftwerk Pulvermühle in Leopoldskron

5.15.1 Historische Daten zum Kraftwerk

Das Kraftwerk Pulvermühle liegt am sogenannten Stiftsarm des Almkanals im Salzburger Stadtteil Leopoldskron. Ursprünglich handelte es sich bei diesem Bauwerk um eine Mahl- und Sägemühle, welche am Ende des 18. Jahrhunderts im Besitz des Zimmerermeisters Paul Weibhauser stand. Bereits in ihrer Anfangszeit war die Mühle mit vier Wasserrädern ausgestattet und konnte dadurch in Bezug auf den Antrieb der Maschinen eine wesentlich höhere Effizienz erzielen. Für die damalige Zeit galt das von der Mühle betriebene Sägewerk als durchaus fortschrittlich, weshalb die Abdeckung des lokalen Schnittholzbedarfs kein größeres Problem darstellte. Im Jahre 1895 erfolgte unter dem Besitzer G. J. Altheimer ein Umbau des Betriebes, der die Reduktion der betriebenen Wasserräder auf lediglich noch zwei Stück beinhaltete. Durch speziell konstruierte Schaufelräder konnte letztendlich die gleiche Leistung wie mit den zuvor in Gang gesetzten vier Rädern erzielt werden. Im Jahre 1906 wurde die Pulvermühle von der Stiegelbrauerei erworben und in ein für die damalige Zeit modernes Kraftwerk umgebaut. Dieser Schritt war notwendig geworden, nachdem das Brauereigewerbe in Salzburg industriellen Status erlangt hatte und die Stiegelbrauerei in der Landeshauptstadt zum führenden Produzenten des Gerstengetränkes avanciert war. Für die permanente Verbindung zwischen Stromerzeuger auf der einen Seite und Verbraucher auf der anderen wurde ein 2 km langes Stromkabel verlegt.[131]

5.15.2 Architektur und Betrieb des Kraftwerks Pulvermühle

Das inmitten einer Grünfläche positionierte Kraftwerk verfügt über eine alte, durch zahlreiche klassizistische Elemente geprägte Architektur und gliedert sich in mehrere ein- oder zweigeschossige Trakte mit Satteldächern unterschiedlicher Höhe. Als besonders reizvoll sind die in der Form von Rundportalen gestalteten Fenster mit ihren Ziergittern sowie das Eingangstor mit seinen grünen Holzläden. Den weitaus größten Eindruck erzeugt jedoch das großteils aus dem frühen 20. Jahrhundert stammende mechanische Wehr, mit welchem sich der Zufluss zur im Krafthaus befindlichen Francisturbine regulieren lässt. Die Stauanlage verfügt über zahlreiche Bedienelemente und ein schön gestaltetes Eisengeländer. Mit ihrer Leistung von 58 kW vermag die kleine Anlage heute freilich nur noch einen Teil des Strombedarfs der Stiegelbrauerei zu decken (Abb. 84, 85, 86, 87).

Abb. 84: *Blick auf das Kraftwerk Pulvermühle am Stiftsarm des Almkanals.*

Abb. 85: *Alter Gebäudetrakt des Kraftwerks mit davorliegender Stauanlage und rechts verlaufendem Almkanal.*

Abb. 86: *Wehranlage des Kraftwerks Pulvermühle mit Regelelementen und Eisengeländer.*

Abb. 87: *Detaildarstellung des Stauwerks beim Kraftwerk Pulvermühle.*

Schlussbetrachtungen

In der Gesellschaft herrscht heute weitgehend Einigkeit darüber, dass Wasserkraft, Windkraft und Sonnenlicht als jene Energieträger gelten, welche auf zukünftige wirtschaftliche Bestrebungen des Menschen den größten Einfluss ausüben werden. Die Kernfusion als Nachfolgekonzept der Kernspaltung verfügt zwar über ein immenses energetisches Potenzial und birgt zudem nur einen Bruchteil der Risiken in sich, welche gegenwärtig beim Betrieb von Atomkraftwerken auftreten, befindet sich jedoch im Anfangsstadium ihrer Entwicklung. Wissenschaftliche Prognosen gehen davon aus, dass uns diese Technik frühestens ab der Jahrhundertmitte zur Verfügung stehen kann, was die Bedeutung der oben genannten regenerativen Energiequellen noch zusätzlich unterstreicht.

Weltweit deckt die Wasserkraft gegenwärtig etwa 16 % des gesamten Bedarfs an elektrischer Energie ab, wobei manche Länder wie die Vereinigten Staaten auf einen Anteil der Hydroenergie an der totalen Stromproduktion von unter 10 % kommen, andere wie Norwegen hingegen mit ihren Anlagen sogar einen Elektrizitätsüberschuss erwirtschaften, den sie gewinnbringend ins Ausland exportieren können. Auch Österreich darf sich den Ausführungen in Kapitel 1 zufolge als „Wasserkraft-Land" bezeichnen, da hier nahezu zwei Drittel der verbrauchten Energie aus heimischen hydroelektrischen Anlagen stammen. Dieser Wert unterliegt freilich je nach Wirtschafts- und Bevölkerungswachstum gewissen Schwankungen. Das im Mittelpunkt der vorliegenden Abhandlung stehende Bundesland Salzburg verzeichnet nach aktuellem Stand eine durchschnittliche Jahresproduktion an Hydroelektrizität von 3400 GWh und liegt damit im österreichweiten Ranking an fünfter Stelle. Die Nutzung der Wasserkraft blickt gerade in Salzburg auf eine lange Tradition zurück, wurden doch bereits am Ende des 19. Jahrhunderts erste Anlagen an das noch sehr einfach konzipierte Stromnetz angeschlossen. Dieser frühe Einstieg in die Hydroelektrizität, welcher gemäß Kapitel 2 bereits 20 Jahre nach Eröffnung des weltweit ersten Wasserkraftwerks erfolgt war, hatte für das Bundesland mehrere Konsequenzen. Zum einen avancierte die Region mit ihrem Know-how zu einem Vorreiter in Bezug auf die technische Weiterentwicklung hydroelektrischer Anlagen; zum anderen erfuhr die Nutzung der Wasserkraft im Verlauf der vergangenen 120 Jahre eine stetige Steigerung.

Wie aber sieht die zukünftige Entwicklung der Hydroenergie im Bundesland Salzburg aus? Nach gegenwärtigem Stand sind bereits 506 Wasserkraftanlagen in Betrieb, welche rund 88 % der heimischen Stromproduktion abzudecken vermögen. Von diesen Elektrizitätsproduzenten können 31 als Großkraftwerke, 168 als mittelgroße Anlagen und 299 als Kleinkraftwerke eingestuft werden. Die verbleibenden acht Anlagen besitzen aufgrund fehlender Daten keine eindeutige Zuordnung zu einer der drei Kategorien. Die Differenzierung nach Anlagentyp (Kapitel 1) ergibt folgendes Bild: 18 Anlagen werden als Speicherkraftwerke betrieben, 27 als Laufkraftwerke und 426 als sogenannte Ausleitungskraftwerke. Dazu gibt es noch 30 Trinkwasserkraftwerke und fünf Pumpspeicherkraftwerke.

Wenn man die Entwicklung der Wasserkraft im Bundesland Salzburg einer etwas detaillierteren Betrachtung unterzieht, kann man eine annähernde Konstanz der jährlichen Bewilligungen von neuen hydroelektrischen Anlagen im Zeitraum von 1900 bis 2015 feststellen. Dadurch wurde die Anzahl der Werke alle zehn Jahre um elf bis 100 Anlagen gesteigert. Als wichtigste Projekte der vergangenen Dekaden gelten sicherlich das neu errichtete Kraftwerk Rott im Norden der Stadt Salzburg, das Kraftwerk Sohlstufe Lehen, das Kraftwerk Werfen-Pfarrwerfen und das Kraftwerk Wiestal Ausgleichsbecken. Diese Anlagen wurden zweifelsohne nach modernsten ökonomischen und ökologischen Richtlinien konzipiert.

Das Bundesland Salzburg mit seiner Fläche von 7156 km^2 besitzt den obigen Zahlen zufolge eine Kraftwerksdichte von 0,07 Anlagen pro km^2 (Vergleich Bayern: 0,064 Anlagen pro km^2) und ist damit in Mitteleuropa gut positioniert. Trotz dieses vorzüglichen Abschneidens wird von Seiten der Wirtschaft immer wieder die Forderung nach neuen Anlagen laut, welche letztendlich auch der Förderung des ökonomischen Wachstums dienlich sein sollen. Nach Meinung einer überwiegenden Mehrheit an Ökologen und Umweltsachverständigen hat Salzburg in Hinblick auf seine betriebenen Wasserkraftanlagen bereits sein quantitatives Plateau erreicht. Dem Bau neuer Hydroelektrizitätswerke treten mehrere gewichtige Sachverhalte entgegen: Viele nutzbare Gewässer befinden sich in geschützten Landschaftsteilen oder Naturschutzgebieten, welche einer nachhaltigen Konservierung bedürfen. Der alpine Bereich stellt gerade in Zeiten des Klimawandels ein hochempfindliches Ökosystem dar, dessen bauliche Beeinträchtigung unabsehbare Folgen für nahegelegene Siedlungen haben kann. Zuletzt stößt der

Bau von Kraftwerken in Naherholungsgebieten auf teils immense Ablehnung durch die Bevölkerung (Stichwort Hainburger Au).

Ein weiterer Zuwachs der aus Hydroenergie bezogenen elektrischen Leistung lässt sich nach modernen Einschätzungen durch drei Maßnahmen erreichen: Einerseits ist eine Effizienzsteigerung bei vorhandenen Anlagen vorzunehmen, andererseits sind bestehende Kraftwerke auf ihren möglichen Ausbau mit entsprechender Erweiterung der Maschinensätze zu prüfen. Die dritte Maßnahme betrifft eine sinnvolle Reaktivierung alter stillgelegter Kraftwerkskomplexe, wobei die beiden zuvor genannten Punkte hier ebenfalls ihre Berücksichtigung finden sollten.

Wie anhand der vorliegenden Monografie dargelegt werden konnte, verfügt das Bundesland Salzburg über eine recht ausgeprägte historische Kraftwerkslandschaft. In die geschichtliche, architektonische und technische Analyse wurden insgesamt 15 Anlagen unterschiedlicher Größe aufgenommen, welche zwischen 1899 und 1930 entstanden waren und teilweise bis zum heutigen Tag eine wichtige Rolle für die Salzburger Elektrizitätswirtschaft spielen. Bei genauerer Betrachtung der Daten erscheint die Tatsache, dass die Elektrifizierung der inneralpinen Regionen mit nahezu gleicher Geschwindigkeit und Intensität wie jene der Stadt Salzburg und deren Umgebung erfolgte, ein wenig überraschend. Für diese eher außergewöhnliche Entwicklung sind im Wesentlichen zwei Gründe anzuführen: Zum einen erlebten der Bergbau und die Eisen- beziehungsweise Aluminiumindustrie ab dem Ende des 19. Jahrhunderts einen signifikanten Aufschwung, zum anderen entstanden regionale Tourismuszentren, die bald einen erhöhten Strombedarf anmeldeten.

Wie die nachstehende Grafik sehr klar zu erkennen gibt, befinden sich von den insgesamt 15 untersuchten Wasserkraftanlagen vier im Flachgau (einschließlich der Landeshauptstadt), zwei im Tennengau, fünf im Pongau, eine im Lungau und drei im Pinzgau. Neben den bereits erläuterten historischen Ursachen für diese Entwicklung ist hier noch ergänzend anzuführen, dass sich gerade die alpinen Bezirke aufgrund ihrer Topografie und ihres Reichtums an hydroenergetischen Ressourcen als prädestinierte Standorte für entsprechende Kraftwerke anboten und auch nach wie vor als bevorzugtes Ziel der Elektrizitätswirtschaft gelten. Eine Besonderheit Salzburgs stellt sicherlich die nachhaltige, bis heute fortgeführte Nutzung nahezu aller alten Strukturen dar; lediglich das Kraftwerk am Wasserfall in Bad Gastein und das Kraftwerk der Gewerkschaft Radhausberg auf dem Nassfeld wurden nach jahrzehntelangem Betrieb stillgelegt und zu Museen umfunktioniert (Abb. 88).

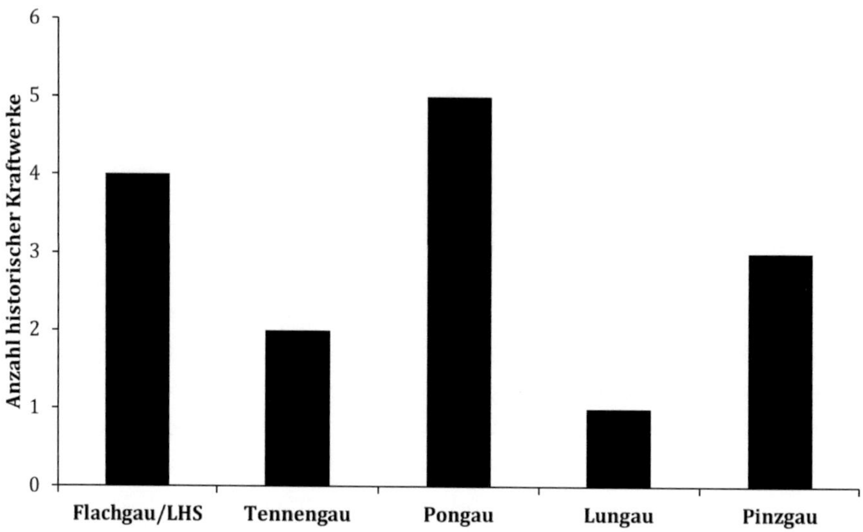

Abb. 88: *Historische Kraftwerke (Errichtung zwischen 1899 und 1930) sortiert nach Salzburger Bezirken (LHS = Landeshauptstadt).*

Ein interessantes Bild ergibt sich beim direkten Vergleich der von den einzelnen Kraftwerken erbrachten Engpassleistungen. Hier zeigt sich recht deutlich, dass sich in den alpinen Regionen in der Frühzeit der Elektrifizierung vor allem kleine bis mittelgroße Anlagen etablieren konnten, da der Strombedarf im Vergleich zur Landeshauptstadt doch eher geringer war. In unmittelbarer Umgebung der Stadt Salzburg entstanden hingegen mit dem Strubklamm-Werk und dem Kraftwerk Wiestal große Strukturen, welche durch das urbane Wachstum und die wirtschaftliche Entwicklung der nahegelegenen ländlichen Regionen zur vollen Auslastung gelangten (Abb. 89). Die in der nachstehenden Grafik gezeigten Werte der meisten Anlagen beziehen sich auf gegenwärtige Leistungsdaten, wobei im Falle der Strubklamm und des Wiestals neue und vollständig modernisierte Betriebe an die Stelle der alten Strukturen traten (Kapitel 5).
Zuletzt bleibt im Rahmen dieses zusammenfassenden Kapitel noch die Frage zu klären, wie es mit der Zukunft der Wasserkraft im Bundesland Salzburg bestellt ist. Wie hat man sich die Hydroenergielandschaft in 50 oder

100 Jahren vorzustellen? Wird die Wasserkraft in den kommenden Dekaden ihren enormen Impakt beibehalten können oder wird sie von einem anderen Energieträger abgelöst? Auf Basis der in den letzten Jahren publizierten Daten ist die Feststellung zu treffen, dass die Salzburger Energiewirtschaft auch in den kommenden Jahrzehnten weitestgehend an der Wasserkraft festhalten wird. Die Nutzung alternativer Energiequellen mit regenerativem Potenzial erweist sich aus vielerlei Gründen als schwierig: Salzburg verfügt im Durchschnitt über 1700 Sonnenstunden oder 71 Sonnentage im Jahr und erweist sich demzufolge als eher schlecht geeignet für eine großflächige Etablierung der Photovoltaik. Die Sonnenenergie wird vor allem von Privathaushalten und kleineren Wirtschaftsbetrieben genutzt, da sie einerseits einem Fördersystem unterliegt und sich andererseits als relativ unkompliziert erweist. Die Windkraft konnte sich in Salzburg bislang praktisch gar nicht etablieren, obwohl gerade der Flachgau eine von teils starken Westwinden geprägte Region darstellt und auch der Föhnwind ein gewisses Potenzial für die energetische Nutzung besäße. Hier könnten in Zukunft sicherlich zusätzliche energiewirtschaftliche Konzepte entwickelt werden.

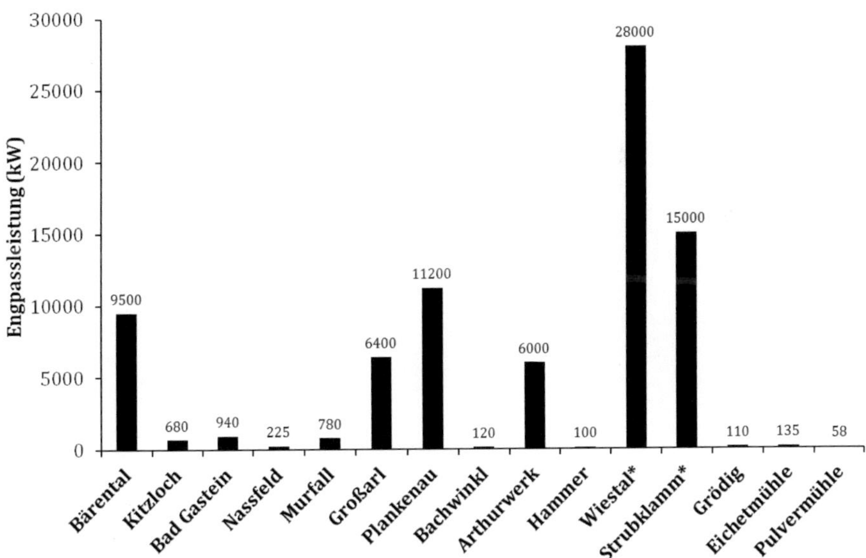

Abb. 89: *Engpassleistungen der untersuchten historischen Kraftwerksanlagen. Das * bezieht sich auf Daten der neuen Kraftwerke, welche an die Stelle der alten Strukturen traten.*

Es ist heute davon auszugehen, dass sich die Wasserkraftlandschaft im Bundesland Salzburg in den kommenden Dekaden nicht mehr signifikant verändern wird, da diese bereits zu beinahe 100 % ausgereizt ist. Hauptziel zukünftiger Generationen muss es hier sein, den Stand der Technik stetig weiterzuentwickeln und durch permanente Modernisierungsmaßnahmen in den bestehenden Anlagen zu realisieren. Erschwerend wirkt dabei sicherlich, dass Wasserturbinen und die nachgeschalteten Systeme bereits über einen Wirkungsgrad von teilweise über 90 % verfügen, wodurch sich weitere Effizienzsteigerungen bestenfalls im einstelligen Prozentbereich abspielen werden. Ein im Zusammenhang mit der Energiewirtschaft hochinteressantes und die Wissenschaften seit etlichen Jahren beschäftigendes Thema betrifft die Stromspeicherung in großen Dimensionen. Die gegenwärtig erzeugte elektrische Energie kann nicht zwischengelagert werden, sondern fließt direkt an den Verbraucher, weshalb die Energiewirtschaft nach einer stetigen Balance zwischen Angebot und Nachfrage strebt. In Phasen erhöhten Stromverbrauchs gehen zusätzliche Kraftwerke ans Netz, welche eigentlich für die Abdeckung der Grundlast nicht zum Einsatz gelangen. Würde man zwischen Stromerzeuger und Stromverbraucher ein entsprechendes beliebig erweiterbares Speichermedium setzen, könnte die auf Wasserkraft basierende Energieleistung nochmals erheblich gesteigert werden, da zahlreiche hydroelektrische Anlagen vom temporären in den kontinuierlichen Betrieb übergehen würden.

Die obigen Darstellungen geben sehr klar zu erkennen, dass die Wissenschaft und Ingenieurskunst in Zukunft eine maßgebliche Rolle bei der Lösung bestehender Probleme spielen werden. Die teils rasende Entwicklung energieintensiver Gewerbe lässt freilich auf eine baldige Entwicklung neuer Energiekonzepte hoffen.

Anmerkungen

[1]   Reynolds T. S., Stronger than a Hundred Man: A History of the Vertical Water Wheel, JHU Press, 2002, S. 14 ff.; siehe dazu auch: History of Hydropower | Department of Energy (https://energy.gov) [15. 11. 2017]; Niagara Falls History of Power (www.niagarafron-tier.com) [15. 11. 2017].

[2]   Hütte M., Ökologie und Wasserbau: Ökologische Grundlagen von Gewässerausbau und Wasserkraftnutzung, Parey, 2000, S. 149 ff.; Küffner G. (Hrsg.), Von der Kraft des Wassers, DVA, 2006, S. 74 ff.; Giesecke J., Mosonyi E., Wasserkraftanlagen: Planung, Bau und Betrieb, Springer-Verlag, 2009, S. 27-42.

[3]   Maniak U., Hydrologie und Wasserwirtschaft: Eine Einführung für Ingenieure, Springer-Verlag, 2010, S. 1 ff.

[4]   Giesecke/Mosonyi, Wasserkraftanlagen (Anm. 2), S. 99 ff.

[5]   Ebd., S. 145 ff.

[6]   Menny K., Strömungsmaschinen, B. G. Teubner, 1985, S. 46-72; Nagler J., Entstehung und Werdegang der Kaplanturbine bei der Firma Storek, in: Blätter für Technikgeschichte 15 (1953), S. 89-102; Giesecke/Mosonyi, Wasserkraftanlagen (Anm. 2), S. 569-614.

[7]   Hütte, Ökologie und Wasserbau (Anm. 2), S. 115 ff.

[8]   Ebd., S. 149 ff.

[9]   Giesecke/Mosonyi, Wasserkraftanlagen (Anm. 2), S. 99-145.

[10] Ebd. S. 99-145.

[11] Küffner, Von der Kraft des Wassers (Anm. 2), S. 204 ff.; Hütte, Ökologie und Wasserbau (Anm. 2), S. 153 f.; Bundesministerium für Umwelt, Naturschutz und Reaktorsicherheit, Erneuerbare Energien: Innovationen für die Zukunft, BMU, 2004, S. 32.

[12] BMU, Erneuerbare Energien (Anm. 11), S. 32.

[13] Hütte, Ökologie und Wasserbau (Anm. 2), S. 155-157; Giesecke/Mosonyi, Wasserkraftanlagen (Anm. 2), S. 99-144; Schwab A. J., Elektroenergiesysteme: Erzeugung, Übertragung und Verteilung elektrischer Energie, Springer-Verlag, 2015, S. 207-273.

[14] Schwab, Elektroenergiesysteme (Anm. 13), S. 207-273.

[15] Hütte, Ökologie und Wasserbau (Anm. 2), S. 155 f.

[16] Küffner, Von der Kraft des Wassers (Anm. 2), S. 170-179; Giesecke/Mosonyi, Wasserkraftanlagen (Anm. 2), S. 675-704.

[17] Giesecke/Mosonyi, Wasserkraftanlagen (Anm. 2), S. 675-704.

[18] Zhou Y., Hejazi M., Smith S., Edmonds J., Li H., Clarke L., Calvin K., Thomson A., A comprehensive view of global potential for hydro-generated electricity, in: Energy & Environmental Science 8 (2015), S. 2622-2633.

[19] REN21, Renewables 2017 Global Status Report, REN21 Secretariat, S. 169; Ellabban O., Abu-Rub H., Blaabjerg F., Renewable energy resources: Current status, future prospects and their enabling technology, in: Renewable and Sustainable Energy Reviews 39 (2014), S. 748-764.

[20] Für Detailinformationen siehe: Bundesministerium für Wirtschaft und Energie (BMWi), Erneuerbare Energien in Zahlen: Nationale und internationale Entwicklung, BMWi, 2013; Eurostat nrg_105a; Euroostat ten00081.

[21] Siehe dazu: Energie-Control Austria, Stromkennzeichnungsberichte von 2011 bis 2016; Bundesministerium für Land- und Forstwirtschaft, Umwelt und Wasserwirtschaft, Erneuerbare Energie in Zahlen, BMLFUW, 2010-2016.

22 Weulersee J., L'Oronte: Étude de Fleuve, Tours, 1940.

23 Rance P., Philo of Byzantium, in: Bagnall R. S. et al. (Hrsg.), The Encyclopedia of Ancient History, Chichester/Malden, 2013.

24 Strab. XII, 3, 11.

25 Giesecke/Mosonyi, Wasserkraftanlagen (Anm. 2), S. 5 f.

26 Reitzenstein R., Artikel Antipatros 23, in RE I/2 (1894), Sp. 2514.

27 Böhm J., Mühlen-Radwanderung, Umweltstation Weismain des Landkreises Lichtenfels, 2000, S. 6; Meerwarth K. W., Experimentelle und theoretische Untersuchungen am oberschlächtigen Wasserrad, TU Stuttgart, 1935.

28 Sonnabend H. (Hrsg.), Mensch und Landschaft in der Antike: Lexikon der historischen Geographie, Springer, 2016, S. 352 f.

29 Ebd., S. 353 f.

30 Khammas A. W., Buch der Synergie, 2007-2017 (http://www.buch-der-synergie.de) [15. 11. 2017].

31 Ebd.

32 Gregorovius F., Geschichte der Stadt Rom im Mittelalter, Bd. I, Cotta, 1859, S. 356 ff.

33 Khammas, Buch der Synergie (Anm. 30).

34 Ebd.

35 Da Vinci L., Das Wasserbuch: Die Schriften und Zeichnungen des Universalgenies, Schirmer/Mosel, 2012.

36 Agricola G., De Re Metallica Libri XII, Fourier Verlag, 2003, S. 120 ff.

37 Khammas, Buch der Synergie (Anm. 30).

38 Allen J. S., John Smeaton, FRS, in: Skempton A. W. (Hrsg.), Steam Engines, Thomas Telford Ltd., 1981, S. 179-194.

39 Keller K., Benoît Fourneyron, in: Matschoss C. (Hrsg.), Beiträge zur Geschichte der Technik und Industrie, Bd. 4, Springer, 1912, S. 79-95.

40 Ewald K., Henschel, Carl Anton, in: Neue Deutsche Biographie (NDB), Bd. 8, Duncker & Humblot, 1969, S. 553 f.

41 Butler E., Modern Pumping and Hydraulic Machinery, Charles Griffin & Company, 1913, S. 400 ff.

42 Layton E. T., From Rule of Thumb to Scientific Engineering: James B. Francis and the Invention of the Francis Turbine, NLA Monograph Series, Research Foundation of the State University of New York, 1992.

43 Gschwandtner M., Gold aus den Gewässern: Viktor Kaplans Weg zur schnellsten Wasserturbine, e-Book, Grin, 2007.

44 Sayers A. T., Hydraulic and Compressible Flow Turbomachines, McGraw Hill Book Co Ltd., 1990.

45 Heerd U., (Hrsg.), Nikola Tesla: Seine Patente (Patentschriften/Collected German and American Patents), Michaels, 2000; Ferzak F., Die Tesla-Turbine FFWASP, Ferzak, 2010.

46 Khammas, Buch der Synergie (Anm. 30).

47 Ebd.

48 Ebd.

49 Ebd.

50 Ebd.

51 Siehe dazu folgende Homepage: http://ethw.org/Milestones:Vulcan_Street_Plant_1882 [15. 11. 2017].

52 Die Geschichte zum ersten Kraftwerk an den Niagara-Fällen wird in folgender Website dokumentiert: http://www.teslasociety.com/exhibition.htm [15. 11. 2017].

53 Khammas, Buch der Synergie (Anm. 30); siehe ergänzend: Schmidberger T., Das erste Wechselstromkraftwerk in Deutschland, Bad Reichenhall, Slavik, 1984, S. 9-33.

54 Siehe dazu ergänzend die Homepage des Edison Tech Center (http://www.edison-techcenter.org/Willamette.html) [16. 11. 2017].

55 Khammas, Buch der Synergie (Anm. 30).

56 Abdallah Y., Die Vergangenheit lebt: Mensch, Landschaft und Geschichte im Jemen - 3000 Jahre Kunst und Kultur des glücklichen Arabien, in: Daum W. (Hrsg.), Jemen, Pinguin-Verlag, 1988, S. 472-488, hier: 481; Schaloske M., Untersuchung der sabäischen Bewässerungsanlagen in Ma'rib (Antike Technologie, Bd. 3; Archäologische Berichte aus dem Yemen, Bd. 7), Sana'a, 1995.

57 Willcocks W., Craig J. I., Egyptian Irrigation 2 Vol., Spon, 1913.

58 Schamp, H., Sadd el-Ali, der Hochdamm von Assuan I - Fakten, Ziele, Konsequenzen, in: Geowissenschaften in unserer Zeit 1/2 (1983), S. 51-59; Schamp, H., Sadd el-Ali, der Hochdamm von Assuan II, in: Geowissenschaften in unserer Zeit 1/3 (1983), S. 73-85; Meyer G., Der Hochstaudamm bei Assuan und seine Folgen: Klischee versus Realität, in: Meyer G. (Hrsg.), Die arabische Welt im Spiegel der Kulturgeographie, ZEFAW Bd. 1, 2004, S. 178-185.

59 Döring M., Der Drei-Schluchten-Damm am Jangtsekiang, in: Wasserkraft und Energie 3 (2004), S. 2-32; Rigos A., Nian Z., Die Zähmung des „Langen Flusses", in: Geo 6 (2003), S. 20-46.

60 Wörner U., Staudamm gefährdet chinesische Fischbestände, in: Naturwissenschaftliche Rundschau 58 (2005), S. 330-331.

61 Tanner H., Südamerika Bd. 2, Westermann Verlag, 1980, S. 95.

62 Ergänzend: Schröder B., Wasserkraftwerk Belo Monte, in: Telepolis vom 28. Mai 2006 (https://www.heise.de/tp/features/Wasserkraftwerk-Belo-Monte-3406198.html) [16. 11. 2017].

63 Voigt W., Atlantropa: Weltbauten am Mittelmeer. Ein Architekturtraum der Moderne, Dölling und Galitz, 1998; Gall A., Das Atlantropa-Projekt: Die Geschichte einer gescheiterten Vision. Herman Sörgel und die Absenkung des Mittelmeers, Campus, 1998; Günzel A. S., Das „Atlantropa"-Projekt. Erschließung Europas und Afrikas, Grin-Verlag, 2007.

64 Faraday M., Experimental Researches in Electricity, 3 Vol., Taylor & Francis, 1839-1855; Faraday M., On the physical character of lines of magnetic force, in: The London, Edinburgh, and Dublin Philosophical Magazine and Journal of Science 4/3 (1852), S. 401-428.

65 Ergänzend: Schwab A. J., Begriffswelt der Feldtheorie: Praxisnahe, anschauliche Einführung, Springer-Verlag, 2002.

66 Oersted H. C., Experiments on the effect of a current of electricity on the magnetic needles, in: Annals of Philosophy 16 (1820), 273.

67 Maxwell J. C., A Treatise on Electricity and Magnetism, 2. Vol., Clarendon Press, 1873.

68 Ampère A. M., Essai sur la philosophie des sciences, 2 Bd., Chez Bachelier, 1834-1843.

69 Feynman R. P., Leighton R. B., Sands M. L., The Feynman lectures on physics, Vol. 2, Addison-Wesley, 2006.

70 Lenz E., Ueber die Bestimmung der Richtung der durch elektrodynamische Vertheilung erregten galvanischen Ströme, in: Annalen der Physik und Chemie 107 (1834), S. 483-494.

71 Franz G., Rotierende elektrische Maschinen: Generatoren, Motoren, Umformer, Verlag Technik, 1990.

72 Ergänzend: Tkotz K., Fachkunde Elektrotechnik, Verlag-Europa-Lehrmittel, 2006.

73 Schatteiner H., Strom für Salzburg 1887 – 1987, in: Salzburger Stadtwerke (Hrsg.), 100 Jahre, Salzburg, 1988, S. 10-37, hier: S. 10; Leitich F., Salzburger Stadtwerke, Salzburg, 1990, S. 51 f.

74 Leitich, Salzburger Stadtwerke (Anm. 65), S. 52.

75 Ebd., S. 52.

76 Ebd., S. 53.

77 Ebd., S. 54.

78 Ebd., S. 55.

79 Ebd., S. 56 f.

80 Ebd., S. 57.

81 Ebd., S. 58.

82 Ebd., S. 60 ff.

83 Ebd., S. 62.

84 Ebd., S. 63.

85 Schatteiner, Strom für Salzburg (Anm. 65), S. 12.

86 Leitich, Salzburger Stadtwerke (Anm. 65), S. 66 ff.

87 Ebd., S. 66.

88 Ebd., S. 68.

89 Schatteiner, Strom für Salzburg (Anm. 65), S. 14 f.

90 Ebd., S. 14.

91 Ebd., S. 15.

92 Ebd., S. 16.

93 Ebd., S. 16.

94 Ebd., S. 16.

95 Ebd., S. 17.

96 Ebd., S. 17.

97 Ebd., S. 17,

98 Hohn M., 56 Eisenbahnen beim Bau der Kraftwerksgruppe Glockner-Kaprun, Phoibos, 2010, S. 12 ff.

99 Ebd., S. 16 ff.

100 Schatteiner, Strom für Salzburg (Anm. 65), S. 18.

101 Ebd., S. 18.

102 Ebd., S. 19.

103 Ebd., S. 20.

104 Aus: Salzburg AG (https://www.salzburg-ag.at) [15. 11. 2017].

105 Aus: Salzburg AG (https://www.salzburg-ag.at) [15. 11. 2017].

106 Salzburg AG, Kraftwerksgruppe Pinzgau, Salzburg AG, 2017, S. 2-3, 6-7.

107 Ebd., S. 2-3.

108 Ebd., S. 2-3.

109 Ebd., S. 6-7.

110 http://www.salzburg.com/wiki/index.php?title=Flusskraftwerk_Kitzloch&oldid=5 31439 [15. 11. 2017].

111 Ebd.

112 Fischer, M. W. K., Floimair, R., Historische Wirtschaftsarchitektur in Salzburg: Bauten - Einrichtungen - Werkzeuge, A. Pustet, 1997, S. 154.

113 Ebd., S. 154.

114 Salzburg AG, Wasserkraft: Kraftwerksgruppe Gasteiner Tal, Salzburg AG, 2017, S. 3.

115 Gruber F., Mosaiksteine zur Geschichte Gasteins und seiner Salzburger Umgebung, Eigenverlag, 2012, S. 400 ff.

116 Ebd., S. 400 ff.

117 Salzburg AG, Kraftwerksgruppe Lungau, Salzburg AG, 2017, S. 2.

118 Ebd., S. 2.

119 Siehe dazu: Energie AG Oberösterreich (https://www.energieag.at/Themen/Energie-fuer-Sie/Kraftwerke/Wasserkraftwerke) [16. 11. 2017].

120 Salzburg AG, Kraftwerksgruppe Pinzgau (Anm. 106), S. 14.

121 Siehe dazu: Energie AG Oberösterreich (https://www.energieag.at/Themen/Energie-fuer-Sie/Kraftwerke/Wasserkraftwerke) [16. 11. 2017].

122 Salzburg AG, Kraftwerksgruppe Flachgau/Tennengau, Salzburg AG, 2017, S. 6.; Sturm R., Industrialisierung einer Barockstadt: Industrie-, Gewerbe- und Verkehrsbauten des 19. und frühen 20. Jahrhunderts in der Stadt Salzburg und Umgebung, VDM, 2009, S. 110 f.

123 http://www.salzburg.com/wiki/index.php?title=Kraftwerk_Wiestal_%28historisch%29&oldid=471164 [15. 11. 2017].

124 Salzburg AG, Kraftwerksgruppe Flachgau/Tennengau (Anm. 122), S. 5.

125 Sturm, Industrialisierung einer Barockstadt (Anm. 122), S. 105 f.

126 Salzburg AG, Kraftwerksgruppe Flachgau/Tennengau (Anm. 122), S. 6.

127 Sturm, Industrialisierung einer Barockstadt (Anm. 122), S. 108 f.

128 ZEK Wasserkraft, Modernisierung für Almkanal-Kraftwerk, in: Ausgabe Oktober 2010, S. 54-55.

129 Sturm, Industrialisierung einer Barockstadt (Anm. 122), S. 103 f.

130 Salzburg AG, Kraftwerksgruppe Flachgau/Tennengau (Anm. 122), S. 6.

131 Sturm, Industrialisierung einer Barockstadt (Anm. 122), S. 107 f.

Literaturverzeichnis

Monografien und Zeitschriftenbeiträge

Abdallah Y., Die Vergangenheit lebt: Mensch, Landschaft und Geschichte im Jemen - 3000 Jahre Kunst und Kultur des glücklichen Arabien, in: **Daum** W. (Hrsg.), Jemen, Pinguin-Verlag, 1988, S. 472-488.

Agricola G., De Re Metallica Libri XII, Fourier Verlag, 2003.

Allen J. S., John Smeaton, FRS, in: **Skempton** A. W. (Hrsg.), Steam Engines, Thomas Telford Ltd., 1981, S. 179-194.

Ampère A. M., Essai sur la philosophie des sciences, 2 Bd., Chez Bachelier, 1834-1843.

Böhm J., Mühlen-Radwanderung, Umweltstation Weismain des Landkreises Lichtenfels, 2000.

Bundesministerium für Umwelt, Naturschutz und Reaktorsicherheit, Erneuerbare Energien: Innovationen für die Zukunft, BMU, 2004.

Bundesministerium für Wirtschaft und Energie (BMWi), Erneuerbare Energien in Zahlen: Nationale und internationale Entwicklung, BMWi, 2013.

Bundesministerium für Land- und Forstwirtschaft, Umwelt und Wasserwirtschaft, Erneuerbare Energie in Zahlen, BMLFUW, 2010-2016.

Butler E., Modern Pumping and Hydraulic Machinery, Charles Griffin & Company, 1913.

Da Vinci L., Das Wasserbuch: Die Schriften und Zeichnungen des Universalgenies, Schirmer/Mosel, 2012.

Döring M., Der Drei-Schluchten-Damm am Jangtsekiang, in: Wasserkraft und Energie 3 (2004), S. 2-32.

Ellabban O., **Abu-Rub** H., **Blaabjerg** F., Renewable energy resources: Current status, future prospects and their enabling technology, in: Renewable and Sustainable Energy Reviews 39 (2014), S. 748-764.

Ewald K., Henschel, Carl Anton, in: Neue Deutsche Biographie (NDB), Bd. 8, Duncker & Humblot, 1969.

Faraday M., On the physical character of lines of magnetic force, in: The London, Edinburgh, and Dublin Philosophical Magazine and Journal of Science 4/3 (1852), S. 401-428.

Faraday M., Experimental Researches in Electricity, 3 Vol., Taylor & Francis, 1839-1855.

Ferzak F., Die Tesla-Turbine FFWASP, Ferzak, 2010.

Feynman R. P., Leighton R. B., Sands M. L., The Feynman lectures on physics, Vol. 2, Addison-Wesley, 2006.

Fischer, M. W. K., **Floimair**, R., Historische Wirtschaftsarchitektur in Salzburg: Bauten - Einrichtungen - Werkzeuge, A. Pustet, 1997.

Franz G., Rotierende elektrische Maschinen: Generatoren, Motoren, Umformer, Verlag Technik, 1990.

Gall A., Das Atlantropa-Projekt: Die Geschichte einer gescheiterten Vision. Herman Sörgel und die Absenkung des Mittelmeers, Campus, 1998.

Giesecke J., **Mosonyi** E., Wasserkraftanlagen: Planung, Bau und Betrieb, Springer-Verlag, 2009.

Gregorovius F., Geschichte der Stadt Rom im Mittelalter, Bd. I, Cotta, 1859.

Gruber F., Mosaiksteine zur Geschichte Gasteins und seiner Salzburger Umgebung, Eigenverlag, 2012.

Gschwandtner M., Gold aus den Gewässern: Viktor Kaplans Weg zur schnellsten Wasserturbine, e-Book, Grin, 2007.

Günzel A. S., Das „Atlantropa"-Projekt. Erschließung Europas und Afrikas, Grin-Verlag, 2007.

Heerd U., (Hrsg.), Nikola Tesla: Seine Patente (Patentschriften/Collected German and American Patents), Michaels, 2000.

Hohn M., 56 Eisenbahnen beim Bau der Kraftwerksgruppe Glockner-Kaprun, Phoibos, 2010.

Hütte M., Ökologie und Wasserbau: Ökologische Grundlagen von Gewässerausbau und Wasserkraftnutzung, Parey, 2000.

Keller K., Benoît Fourneyron, in: **Matschoss** C. (Hrsg.), Beiträge zur Geschichte der Technik und Industrie, Bd. 4, Springer, 1912, S. 79-95.

Khammas A. W., Buch der Synergie, 2007-2017.

Küffner G. (Hrsg.), Von der Kraft des Wassers, DVA, 2006.

Layton E. T., From Rule of Thumb to Scientific Engineering: James B. Francis and the Invention of the Francis Turbine, NLA Monograph Series, Research Foundation of the State University of New York, 1992.

Leitich F., Salzburger Stadtwerke, Salzburg, 1990.

Lenz E., Ueber die Bestimmung der Richtung der durch elektrodynamische Vertheilung erregten galvanischen Ströme, in: Annalen der Physik und Chemie 107 (1834), S. 483-494.

Maniak U., Hydrologie und Wasserwirtschaft: Eine Einführung für Ingenieure, Springer-Verlag, 2010.

Maxwell J. C., A Treatise on Electricity and Magnetism, 2. Vol., Clarendon Press, 1873.

Meerwarth K. W., Experimentelle und theoretische Untersuchungen am oberschlächtigen Wasserrad, TU Stuttgart, 1935.

Menny K., Strömungsmaschinen, B. G. Teubner, 1985.

Meyer G., Der Hochstaudamm bei Assuan und seine Folgen: Klischee versus Realität, in: **Meyer** G. (Hrsg.), Die arabische Welt im Spiegel der Kulturgeographie, ZEFAW Bd. 1, 2004, S. 178-185.

Nagler J., Entstehung und Werdegang der Kaplanturbine bei der Firma Storek, in: Blätter für Technikgeschichte 15 (1953), S. 89-102.

Oersted H. C., Experiments on the effect of a current of electricity on the magnetic needles, in: Annals of Philosophy 16 (1820), 273.

Rance P., Philo of Byzantium, in: **Bagnall** R. S. et al. (Hrsg.), The Encyclopedia of Ancient History, Chichester/Malden, 2013.

Reitzenstein R., Artikel Antipatros 23, in RE I/2 (1894), Sp. 2514.

REN21, Renewables 2017 Global Status Report, REN21 Secretariat.

Rigos A., **Nian** Z., Die Zähmung des „Langen Flusses“, in: Geo 6 (2003), S. 20-46.

Reynolds T. S., Stronger than a Hundred Man: A History of the Vertical Water Wheel, JHU Press, 2002.

Salzburg AG, Kraftwerksgruppe Pinzgau, Salzburg AG, 2017.

Salzburg AG, Wasserkraft: Kraftwerksgruppe Gasteiner Tal, Salzburg AG, 2017.

Salzburg AG, Kraftwerksgruppe Lungau, Salzburg AG, 2017.

Salzburg AG, Kraftwerksgruppe Flachgau/Tennengau, Salzburg AG, 2017.

Sayers A. T., Hydraulic and Compressible Flow Turbomachines, McGraw Hill Book Co Ltd., 1990.

Schaloske M., Untersuchung der sabäischen Bewässerungsanlagen in Ma'rib (Antike Technologie, Bd. 3; Archäologische Berichte aus dem Yemen, Bd. 7), Sana'a, 1995.

Schamp, H., Sadd el-Ali, der Hochdamm von Assuan I - Fakten, Ziele, Konsequenzen, in: Geowissenschaften in unserer Zeit 1/2 (1983), S. 51-59.

Schamp, H., Sadd el-Ali, der Hochdamm von Assuan II, in: Geowissenschaften in unserer Zeit 1/3 (1983), S. 73-85.

Schatteiner H., Strom für Salzburg 1887 – 1987, in: Salzburger Stadtwerke (Hrsg.), 100 Jahre, Salzburg, 1988.

Schmidberger T., Das erste Wechselstromkraftwerk in Deutschland, Bad Reichenhall, Slavik, 1984.

Schwab A. J., Begriffswelt der Feldtheorie: Praxisnahe, anschauliche Einführung, Springer-Verlag, 2002.

Schwab A. J., Elektroenergiesysteme: Erzeugung, Übertragung und Verteilung elektrischer Energie, Springer-Verlag, 2015.

Sonnabend H. (Hrsg.), Mensch und Landschaft in der Antike: Lexikon der historischen Geographie, Springer, 2016.

Sturm R., Industrialisierung einer Barockstadt: Industrie-, Gewerbe- und Verkehrsbauten des 19. und frühen 20. Jahrhunderts in der Stadt Salzburg und Umgebung, VDM, 2009.

Tanner H., Südamerika Bd. 2, Westermann Verlag, 1980, S. 95.

Tkotz K., Fachkunde Elektrotechnik, Verlag-Europa-Lehrmittel, 2006.

Voigt W., Atlantropa: Weltbauten am Mittelmeer. Ein Architekturtraum der Moderne, Dölling und Galitz, 1998.

Weulersee J., L'Oronte: Étude de Fleuve, Tours, 1940.

Willcocks W., Craig J. I., Egyptian Irrigation 2 Vol., Spon, 1913.

Wörner U., Staudamm gefährdet chinesische Fischbestände, in: Naturwissenschaftliche Rundschau 58 (2005), S. 330-331.

Zhou Y., **Hejazi** M., **Smith** S., **Edmonds** J., **Li** H., **Clarke** L., **Calvin** K., **Thomson** A., A comprehensive view of global potential for hydro-generated electricity, in: Energy & Environmental Science 8 (2015), S. 2622-2633.

Internetseiten

Energie AG Oberösterreich (https://www.energieag.at/Themen/Energie-fuer-Sie/Kraftwerke/Wasserkraftwerke) [16. 11. 2017].

Geschichte des Kraftwerks Kitzloch (http://www.salzburg.com/wiki/index.php?title=Flusskraftwerk_Kitzloch&oldid=531439) [15. 11. 2017].

Geschichte des Kraftwerks Wiestal (http://www.salzburg.com/wiki/index.php?title=Kraftwerk_Wiestal_%28historisch%29&oldid=471164) [15. 11. 2017].

History of Hydropower | Department of Energy (https://energy.gov) [15. 11. 2017].

Homepage des Edison Tech Center (http://www.edison-techcenter.org/Willamette.html) [16. 11. 2017].

Khammas A. W., Buch der Synergie, 2007-2017 (http://www.buch-der-synergie.de) [15. 11. 2017].

Niagara Falls History of Power (www.niagarafron-tier.com) [15. 11. 2017].

Website zur Geschichte des ersten Kraftwerks an den Niagarafällen (http://www.teslasociety.com/exhibition.htm) [15. 11. 2017].

Website der Salzburg AG (https://www.salzburg-ag.at) [15. 11. 2017].

Website Vulcan Street Plant (http://ethw.org/Milestones:Vulcan_Street_Plant_ 1882) [15. 11. 2017].

Bildnachweis

Abb. 1, 2, 3, 4, 5, 6, 7, 8, 9, 10, 11, 12, 13: Robert Sturm

Abb. 14: Obersachse (Eignes Werk) CC BY 3.0 (https://commons.wikimedia.org/w/index.php?curid=8256723) [16. 1. 2018]

Abb. 15: rekonstruiert von F. M. Feldhaus (http://www.apex-portal.com/ecosolutions/analysederexergie/wasser_geschichte_wasserkraft_1.php#Rueckblick) [16. 1. 2018]

Abb. 16, 17, 18, 19, 20: THE ECOSOLUTION (http://www.apex-portal.com/ecosolutions/analysederexergie/wasser_geschichte_wasserkraft_1.php#Rueckblick) [16. 1. 2018]

Abb. 21, 22, 23, 24, 25: THE ECOSOLUTION (http://www.apex-portal.com/ecosolutions/analysederexergie/wasser_geschichte_wasserkraft_2.php) [16. 1. 2018]

Abb. 26: https://www.tripadvisor.com/LocationPhotoDirectLink-g154998-d186167-i184585923-Niagara_Falls-Niagara_Falls_Ontario.html [17. 1. 2018]

Abb. 27: http://www.apex-portal.com/ecosolutions/analysederexergie/wasser_staudamm.php [17. 1. 2018]

Abb. 28: Hajor (Eigenes Werk), CC BY-SA 3.0 (https://commons.wikimedia.org/w/index.php?curid=45040) [17. 1. 2018]

Abb. 29: AP (http://www.faz.net/aktuell/wissen/erde-klima/gestauter-jang tse-noch-tragen-die-sedimente-den-sieg-davon-1433912/der-drei-schluchten-staudamm-1441553.html) [17. 1. 2018]

Abb. 30: https://portugaldigital.com.br/diretor-de-itaipu-diz-que-projetoda -eletrobras-vai-ainda-em-2017-ao-congresso/ [17. 1. 2018]

Abb. 31: Zeichnung von Sörgel nach Gemälde von Marlo Diemers (1932) (http://www.cad.architektur.tudarmstadt.de/atlantropa/projekt/proj ekt_staudaemme.html) [17. 1. 2018]

Abb. 32, 33, 34, 35, 36, 37, 38, 39: Robert Sturm

Abb. 40: Karl Hintner, Universitätsbibliothek Salzburg, Sondersammlungen, Signatur R 6.992 II

Abb. 41: PINTEREST (https://www.pinterest.at/pin/2427018673974312 98/) [17. 1. 2018]

Abb. 42: Wassergenossenschaft Stiftsarm (https://stiftsarm.jimdo.com/ge schichte/kraftwerk-eichetmühle/) [17. 1. 2018]

Abb. 43: Robert Sturm

Abb. 44, 45: Archiv der Stadt Salzburg (http://www.saalacherlebniswelt. com/S_Kraft1/s_kraft1.html) [17. 1. 2018]

Abb. 46: Eweht (Eigenes Werk) (https://commons.wikimedia.org/wiki/ File:Umspannwerk_Hagenau-5.jpg) [17. 1. 2018]

Abb. 47: ÖNB Bildarchiv und Grafiksammlung

Abb. 48: https://www.geocaching.com/geocache/GC1VYY8_kraftwerk-wies tal?guid=573a6de2-02d5-46ce-a1b2-246798919627 [17. 1. 2018]

Abb. 49: Franz Fuchs (https://www.sn.at/wiki/Datei:Strumklammkraft-werk,_das_neue_Turbinengebäude.jpg) [17. 1. 2018]

Abb. 50: https://www.leube.at/project_post/kraftwerk_sohlstufe_lehen/ [17. 1. 2018]

Abb. 51: Robert Sturm

Abb. 52, 53: Salzburg AG, Wo saubere Energie herkommt - Kraftwerks-gruppe Pinzgau, S. 3 (https://www.salzburg-ag.at/erzeugung/unsere-kraft-werke/wasserkraftwerk-brenwerk-2587/) [17. 1. 2018]

Abb. 54: Christina Nöbauer (https://www.sn.at/wiki/Datei:Kraftwerk_Bä renwerk1.jpg) [17. 1. 2018]

Abb. 55: Christine Nöbauer https://www.sn.at/wiki/Datei:Bärenwerk _Fusch2.jpg) [17. 1. 2018]

Abb. 56, 57: http://www.salzburg.com/wiki/index.php?title=Flusskraft werk _Kitzloch&oldid=531439 [17. 1. 2018]

Abb. 58: Wolfgang Tremel (http://www.fotocommunity.de/photo/kraftwerk-am-wasserfall-wolfgang-tremel/21012393) [17. 1. 2018]

Abb. 59: Anton Ernst Lafenthaler - Bad Gastein, Gasteinertal 2007 (http://gastein-im-bild.info/eb/ekwwas1.html) [17. 1. 2018]

Abb. 60: Heribert Jung (1985) (https://www.radiomuseum.org/museum/a/kraftwerk-am-wasserfall-der-gemeinde-bad-gastein/.html) [17. 1. 2018]

Abb. 61: https://www.tripadvisor.com/LocationPhotoDirectLink-g580116-d10622094-i246880522-Cafe_im_kraftwerk_am_wasserfall-Bad_Gastein_Austrian_Alps.html [17. 1. 2018]

Abb. 62: Karl Gruber (Eigenes Werk) (https://commons.wikimedia.org/wiki/File:Schaukraftwerk-Rathausberg_3323.jpg) [18. 1. 2018]

Abb. 63, 64: Christina Nöbauer (https://www.sn.at/wiki/Datei:Schaukraftwerk_Regler.jpg; https://www.sn.at/wiki/Datei:Peltonturbine_im_Schaukraftwerk_Nassfeld.jpg) [18. 1. 2018]

Abb. 65: Josef Gfrer (http://salzburg.orf.at/tv/stories/2866328/) [18. 1. 2018]

Abb. 66: Energie AG (https://www.energieag.at/Themen/Energie-fuer-Sie/Kraftwerke/Wasserkraftwerke) [17. 1. 2018]

Abb. 67: Salzburg AG (https://www.salzburg-ag.at/erzeugung/unsere-kraftwerke/wasserkraftwerk-bachwinkl-2586/) [17. 1. 2018]

Abb. 68: Energie AG (https://www.energieag.at/Themen/Energie-fuer-Sie/Kraftwerke/Wasserkraftwerke) [17. 1. 2018]

Abb. 69, 70: Robert Sturm

Abb. 71: Robert Sturm (Bild aus der Landesausstellung 2016 Bischof Kaiser Jedermann im Salzburg Museum)

Abb. 72: Robert Sturm

Abb. 73: Ailura - Eigenes Werk, CC BY-SA 3.0 (https://commons.wikimedia.org/w/index.php?curid=24259313) [17. 1. 2018]

Abb. 74, 75: Robert Sturm

Abb. 76: Sebastian Wolpers (https://commons.wikimedia.org/wiki/File:Strubklamm2.jpg) [23. 1. 2018]

Abb. 77, 78, 79, 80, 81: Robert Sturm

Abb. 82, 83: Franz Fuchs (https://www.sn.at/wiki/Kraftwerk_Eichetmühle) [17. 1. 2018]

Abb. 84, 85, 86, 87, 88, 89: Robert Sturm